IT Text 情報処理学会 編集

情報と職業

改訂2版

駒谷昇一
辰己丈夫　共著

Ohmsha

情報処理学会教科書編集委員会

編集委員長　阪田　史郎（東京大学）
編集幹事　　菊池　浩明（明治大学）
編集委員　　石井　一夫（公立諏訪東京理科大学）
（五十音順）　岩﨑　英哉（明治大学）
　　　　　　上原　忠弘（富士通株式会社）
　　　　　　駒谷　昇一（奈良女子大学）
　　　　　　斉藤　典明（東京通信大学）
　　　　　　辰己　丈夫（放送大学）
　　　　　　田名部元成（横浜国立大学）
　　　　　　中島　　毅（芝浦工業大学）

（令和5年現在）

本書に掲載されている会社名・製品名は，一般に各社の登録商標または商標です．

本書を発行するにあたって，内容に誤りのないようできる限りの注意を払いましたが，本書の内容を適用した結果生じたこと，また，適用できなかった結果について，著者，出版社とも一切の責任を負いませんのでご了承ください．

　本書は，「著作権法」によって，著作権等の権利が保護されている著作物です．
　本書の全部または一部につき，無断で次に示す〔　〕内のような使い方をされると，著作権等の権利侵害となる場合があります．また，代行業者等の第三者によるスキャンやデジタル化は，たとえ個人や家庭内での利用であっても著作権法上認められておりませんので，ご注意ください．
　　　　　〔転載，複写機等による複写複製，電子的装置への入力等〕
　学校・企業・団体等において，上記のような使い方をされる場合には特にご注意ください．
　お問合せは下記へお願いします．
　　〒101-8460　東京都千代田区神田錦町 3-1　TEL.03-3233-0641
　　　株式会社オーム社編集局（著作権担当）

はしがき

　ビジネス社会においてコンピュータやインターネットを活用することが不可欠となっている．今までとはまったく異なる新しいビジネスモデルが次々と生まれてきており，社会の情報化は急激なスピードで進行している．情報化によりこれまであたりまえだったことがあたりまえではなくなり，社会のさまざまな価値観やビジネス環境，生活スタイルなどが大きく変わってきている．企業人には単にパソコンを文書作成の道具として使えるだけではなく，ビジネス戦略として活用できることが求められている．

　本書では，コンピュータやインターネットが私たちの生活をどう支えていて，生活をどう変えてきたのか，そしてビジネスにおいてもコンピュータやインターネットがどのように活用され，ビジネスをどう変えてきているのか，それらにより働く環境や仕事に対する価値観などがどう変わったのかをさまざまな事例を通して紹介している．

　事故や災害によりシステムが停止した場合，私たちは多大な被害を被るというリスクを負うことになった．個人情報の漏えいの増大，サイバー犯罪の増加，情報格差による貧富の格差の拡大など新たな社会問題が起きている．本書では，情報社会の光の部分だけでなく影の部分についても解説している．

　平成15年度から高校の教科「情報」の授業が始まったが，コンピュータのしくみや操作の方法だけでなく，コンピュータが社会やビジネスをどう変えてきたのかを教えることも必要である．コンピュータやインターネットにより新しいビジネスが可能となったが，それは従来からのビジネススタイルが通用しなくなってきていることを意味している．コンピュータやインターネットを活用することでどのような新しいビジネスが可能となったのかを学ぶことは，今後の情報社会で生きるために必要不可欠なことである．教職課程の

「情報と職業」はそれを学ぶための科目である．

　本書は，高校の教科「情報」の教職課程の必修科目の一つである「情報と職業」のテキストとして執筆されたものであるが，それ以外の情報化社会とビジネスとの関係について学習する教材としてもぜひ活用していただきたい．

　社会学や経済学，経営学を学ぶ学生にとって，情報社会の本質を理解することが不可欠であるが，本書がその理解を深めるきっかけを提供することができるであろう．コンピュータや情報システム，ネットワークなどを学ぶ学生にとっては，本書によりそれらの技術が社会やビジネスをどう変えてきているのかの理解を深め，視野を広げるきっかけを提供することができるであろう．なぜなら，情報技術とビジネスとは本来切り離すことはできないものだからである．

　巻末の付録には情報技術によりビジネスがどう変わるのか，情報技術とビジネスの両方について理解を深めることができる総合演習を紹介している．実際にこの演習をいくつかの大学の授業で行い，驚くことは，学生には豊かな創造力があることである．講師が話すことをただ記憶するという授業から開放され，学生らは自らアイディアを出し合い，主体的に熱心に楽しみながら演習課題に打ち込む姿を目にすることができる．学生の作成したビジネス企画書の中にはそのままビジネスとして使えるような優れたものもあった．コンピュータを活用した新しいビジネスの創出は現在の閉塞した社会を変えるために不可欠であり，本書が明るい未来を築く人材の創出に役立てば幸いである．

　なお，本書で紹介している URL は 2015 年 10 月現在のもので，変更になる可能性がある．

　本書を出版するに際し，本書を情報処理学会による大学の情報処理学会教科書シリーズの一巻として取り上げていただき，初版時に執筆の機会を与えてくださった東京工科大学の松下温先生に感謝を述べたい．また，叱咤激励をして下さったオーム社に感謝する．

2015 年 10 月

著者らしるす

目　　次

第1章　情報社会と情報システム
1.1　社会基盤としての情報システム ………………………… 1
1.2　行政の情報サービス ……………………………………… 15
演習問題 ……………………………………………………… 21

第2章　情報化によるビジネス環境の変化
2.1　コンビニエンスストアにおける情報の活用事例 …… 23
2.2　顧客情報の活用 …………………………………………… 35
2.3　CTI …………………………………………………………… 38
2.4　ワントゥワンビジネス …………………………………… 40
2.5　ビジネスモデル …………………………………………… 42
2.6　ビジネス環境の変化 ……………………………………… 44
2.7　情報ビジネス ……………………………………………… 50
演習問題 ……………………………………………………… 54

第3章　企業における情報活用
3.1　製造業における情報システム …………………………… 55
3.2　商品サポート業務でのコンピュータの活用 ………… 62
3.3　ビジネスを拡大させるための情報公開 ……………… 66
3.4　サービス業におけるコンピュータの活用 …………… 71
3.5　その他の業種でのコンピュータの活用事例 ………… 77
3.6　企業内でのコンピュータの活用 ………………………… 82
3.7　企業内ネットワークでの情報共有 …………………… 86
3.8　基幹業務でのコンピュータの活用 …………………… 88
3.9　eラーニング ……………………………………………… 94
演習問題 ……………………………………………………… 98

第4章 ネットビジネス
- 4.1 インターネットによる新しいビジネスモデル ……… 99
- 4.2 インターネットによる広告ビジネス ……………… 112
- 4.3 インターネットによる検索サービス ……………… 115
- 4.4 大学でのインターネット利用 ……………………… 117
- 演習問題 ……………………………………………… 120

第5章 働く環境と労働観の変化
- 5.1 働く環境の変化 ……………………………………… 121
- 5.2 職場環境の変化 ……………………………………… 126
- 5.3 仕事内容の変化 ……………………………………… 129
- 5.4 職場での情報リテラシー …………………………… 132
- 5.5 情報化による業務内容の変化 ……………………… 135
- 5.6 企業内の情報化と求められる人材の変化 ………… 136
- 演習問題 ……………………………………………… 141

第6章 情報社会における犯罪と法制度
- 6.1 サイバー犯罪 ………………………………………… 144
- 6.2 著作権法違反 ………………………………………… 150
- 6.3 コンピュータウイルスや迷惑な電子メール ……… 153
- 6.4 その他の情報犯罪 …………………………………… 159
- 6.5 セキュリティ対策 …………………………………… 161
- 6.6 職業人としての情報倫理 …………………………… 169
- 演習問題 ……………………………………………… 171

第7章 情報社会におけるリスクマネジメント
- 7.1 リスクマネジメント ………………………………… 173
- 7.2 リスクマネジメントの例 …………………………… 176
- 7.3 リスクマネジメントに関する法律 ………………… 184
- 演習問題 ……………………………………………… 186

第8章　明日の情報社会

- 8.1　仮想社会 …………………………………………… 187
- 8.2　生活の情報化 ……………………………………… 190
- 8.3　コンピュータと教育 ……………………………… 197
- 8.4　ディジタルデバイド ……………………………… 198
- 演習問題 ……………………………………………………… 201

付録　総合演習

………………………………………………………… 203

参考文献　*213*

索　　引　*215*

第1章 情報社会と情報システム

　私たちの住む社会は情報社会へと大きく変わりつつある．その中で私たちの生活は数多くの情報システムによって支えられている．また，インターネットは無数のコンピュータとネットワークで構成され，私たちはインターネットからさまざまな情報を入手することができるが，インターネットも情報システムの一つと考えることができる．

　この章では，私たちの住む社会の基盤となっている情報システムの事例から，情報社会の特徴，情報社会と情報システムとのかかわりを理解する．

1.1 社会基盤としての情報システム

1. 情報社会とは

　情報が社会の中で重要な役割を果たすようになったのは今に始まったわけではない．古代の人間が生活を始めたときから，情報を収集，蓄積し，意思決定を行ってきた．例えば，戦争では敵の戦力や戦略，戦術などの情報を得るための諜報活動が行われていた．敵に対して限られた戦力で効果的に戦うために敵の情報は不可欠であった．

収集した敵の情報を正確に，かつ早く味方に伝える方法の一つに，のろしがあった．のろしはまさに光通信であった．敵の戦力を煙の量で伝えるのでは情報を正確に伝えることができない．しかし攻めてきた敵の人数を煙の回数で表すことにより，正確な情報を伝えることができた．これはディジタル通信といえる．その後，電信が発明され，モールス符号に変換された文字データを高速に伝送することができるようになった．

コンピュータや通信ネットワークの進歩により，文字データや音声データだけでなく，画像や映像のデータもディジタル化され，高速に伝送されるようになった．また，インターネットの普及により，地球の裏側の情報を容易に知ることができるようになっただけでなく，容易に個人が情報を発信することができるようになった．

情報社会の特徴としては
① コンピュータやネットワークを用いて，個人が広範囲にわたる情報の収集が容易にできるようになったこと
② マルチメディア情報のディジタル化により，情報の取扱いが容易になったこと
③ コンピュータや大容量の記憶装置などを用いて，情報の蓄積，整理，編集，加工，分析，共有化などが容易に高速にできるようになったこと
④ インターネットなどにより情報を容易に公開，発信することができるようになったこと
⑤ 情報の量や質がその物事の価値を決める大きな要因となること

などがあげられる．

2. 情報システムとは

情報を収集し，収集された情報を蓄積し，その中から必要な情報を導き出すことができるシステムを**広義の情報システム**という．この広義の情報システムの定義からすると，人間そのものも情報システム（図1.1参照）であるといえる．人間は五感を通じて情報を収集し，それを脳で蓄積し，必要なときに脳から記憶を引き出しているからである．人間だけでなく，多くの生物も，情報を収集し，そ

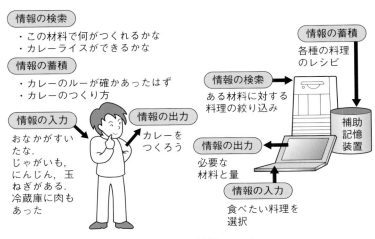

図 1.1　人間と情報システム

の情報を蓄積し，その情報をもとにして行動が決定されているため，情報システムということができる．

　コンピュータが用いられたシステムを**狭義の情報システム**という．社会のいたるところでコンピュータが使われている．家庭の中でのコンピュータというとパーソナルコンピュータ（以下パソコン）やゲーム機を思い描く人も多いと思うが，一つの家庭の中で数十個のコンピュータが実際には使われている．例えば，携帯電話，冷暖房機器，テレビ，録画装置，ラジカセ，炊飯器，洗濯機，電子レンジ，給湯器，ガスメータ，自動車などにコンピュータが組み込まれている．

　本書では，情報システムを狭い意味で用いている．すなわち，コンピュータが使われている情報システムを情報システムとしている．

　コンピュータ自体は情報システムだといえるが，マウスやコンピュータの映像を写し出すためのディスプレイ装置は情報システムに分類されない．また，コンピュータのCPUも情報システムではない．コンピュータには，入力装置があり，入力されたデータを蓄積する装置，データを計算する装置，計算結果を出力する装置がある．どの情報システムも入力装置から入力されたデータをもとに計算し，その結果を出力装置に出力することが行われている．すなわ

ち，マウスは入力装置の一つであり，ディスプレイ装置は出力装置の一つであり，それぞれは情報システムではない．

コンピュータの得意とするところの一つに高速に計算することがあげられる．では電卓は情報システムだろうか．そろばんが情報システムでないのと同じように電卓は情報システムには該当しない．

それではインターネットはどうだろうか．インターネットには政府や企業，各種団体，個人のWebページが多数蓄積されていて，私たちはインターネットから必要な情報を得ることができる．情報蓄積はインターネットに接続されている各コンピュータにより行われているのだが，インターネットに情報が蓄積され，インターネットを通じてその情報を検索することができるという点を考えると，インターネットも情報システムの一つであるといえる．

3. 高度道路交通システム
(a) 交通管制システム

道路の信号制御にコンピュータが使われている．信号が青に変わって自動車が走り出し，制限速度以内で走っていると次の信号に着く手前で赤から青へ次々に変わることがある．これは自動車がスムーズに流れるために，交通管制システムにより信号がコンピュータにより制御されているからである．しかし同じ場所で同じ方向に走っていても時間帯や混雑の度合いによってはスムーズに信号が変わらないことがある．それは対向車線の自動車の流れに合わせて信号が制御されているからである．交通量の変化に応じて赤と青の時間を変えることで自動車がスムーズに流れるように制御しているのである．

この信号の制御のしくみは，図1.2のようになっている．信号制御システムは信号機のほかに，自動車の交通量を測定するセンサが道路の上にあり，このセンサのデータが信号機を制御しているコンピュータに入力され，コンピュータはその情報をもとに，どの車線に信号のタイミングを合わせたらよいのか，各車線の青と赤の最適な時間データが計算により求められ，そのデータに基づいて信号機が制御されているのである（公益財団法人 日本交通管理技術協会）*．

*http://www.tmt.or.jp/research/index5-01.html

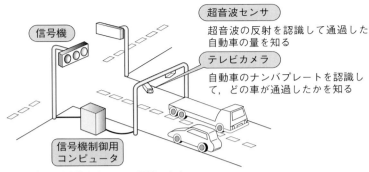

図 1.2　信号制御システム

　この交通管制システムにより，混雑が緩和され，短時間に目的地に到着することができ，また CO_2 の量も減らすことができる．しかし一方で，交通管制システムが停止した場合，広範囲にその影響が及び，都市の交通がまひするというリスクを負っているのである．

　各道路から得られた情報は交通管制センタに集約される．交通管制システムでは，単に信号を制御するだけでなく，事故や混雑の情報を一般道路や高速道路の電光掲示板に表示させ，運転者に渋滞や事故などの適切な情報を提供し，事故や遅れを回避する手助けや，運転者に注意を喚起することに使われている．

　道路上のカメラは自動車のナンバーを認識しているため，どのナンバーの自動車がどこを通っているのかのデータが蓄積され，分析が行われている．このデータは犯罪捜査にも使われている．しかし，一方で，どの車がいつどこを走っていたのかのデータが外部に漏れてしまった場合，プライバシーの侵害になるおそれもある．

GPS：Global Positioning System

(b) GPS（全地球測位システム）

　GPS は，衛星からの電波を受信し，地球上の現在位置を測定することができるシステムである（図 1.3 参照）．当初，GPS は，米国の国防省がミサイルの正確な誘導を行うという軍事目的のために開発したものである．GPS はそのころから民間でも使うことができたが，当初は国防上の理由から民間に対しては精度を落とすための操作が行われていた．現在では，その操作が取り払われ，民間で

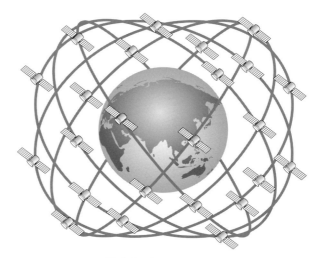

図 1.3　GPS システム

も正確な位置データを衛星から取得することができるようになった．

GPS は，周期 11 時間 58 分 02 秒（自転周期の 2 分の 1）の周期で 6 軌道上に各 4 機（予備 3 機）が配置されており，すべての衛星の時刻信号が GPS 全体で同期している．

衛星からの時刻信号を受信し，その時間差を計算することにより，衛星までの距離を求めることができる．四つの衛星からの距離を求めることで，現在位置を特定することができるのである．

携帯電話に内蔵されたセンサが GPS の電波を受信することにより，携帯電話で自分の居場所が特定でき，内蔵されている地図ソフトにより，現在の居場所の地図を表示することができる．また，GPS を使った，手軽に持ち運び可能な現在位置表示システムがあるが，それは，登山者などに愛用されている．

(c) カーナビゲーションシステム

カーナビゲーションシステム：car navigation system

カーナビゲーションシステムは，自動車に搭載されたシステムで，運転手に対して目的地への行き方を案内するシステム（図 1.4 参照）である．運転席に付けられた液晶画面に自動車の現在位置の地図が表示されるだけでなく，目的地を入力することにより，その目的地への最短距離または最短時間で行くことのできるルートが案

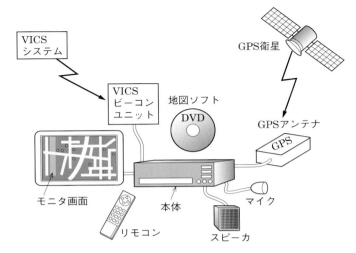

図 1.4 カーナビゲーションシステム

内される．画面上には 3 次元的に地図が表示され，曲がらなければならない交差点に近づくと，映像と音声により運転手に案内が行われる．また曲がらなければならなかった交差点を誤って直進してしまった場合などでは，新たに最適なルートが計算され，そのルートが案内される．

カーナビゲーションシステムは，自動車の位置情報を GPS から収集している．また正確な距離を測定するために，GPS だけでなく，自動車の走行距離のデータ，自動車の走行方角などのデータも使い，正確な距離や位置を求めている．

またカーナビゲーションシステムには，単に現在位置を表示するだけでなく，どのルートを通れば最短距離であるかを計算するためのコンピュータが搭載されている．さらに，運転手からの音声による指示を認識するための音声認識や，運転手に対して適切な案内を行うための音声合成の機能を搭載したシステムまである．

(d) ITS（高度道路交通システム）

ITS : Intelligent Transport System

ITS は自動車を高機能化するカーナビゲーションシステムと交通管制システムなどのような道路を高機能化するシステムとを融合した交通システムである（図 1.5 参照）．

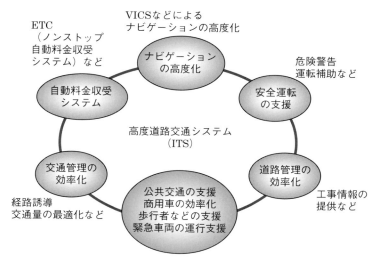

図 1.5　高度道路交通システム

VICS：Vehicle Information and Communication System

　VICS（道路交通情報通信システム）は，最新の道路の混雑状況などを道路上に設置した装置から電波などにより，道路交通管制システムの情報を運転手に知らせるシステムである．カーナビゲーションシステムだけでは，そのときどきの道路の混雑状況を考慮したルートを案内することはできない．しかし，VICSから送信された混雑情報をカーナビゲーションシステムが受信し，そのデータをもとに最適ルートの再計算を行うことで，混雑したルートを避けたルートを案内することができるのである．

ETC：Electronic Toll Collection

　ETC（自動料金収受システム）は高速道路の料金徴収を自動化するシステムである．車載装置から出される電波により自動車を認識し，高速道路に入った場所と出た場所から料金が自動計算され，銀行口座から自動引落しが行われる．これらのシステムを統合した

*http://www.its-jp.org/about/

全体をITS（高度道路交通システム）*という．

4. 気象情報システム

　気象を予測するシステムには，気象衛星システムとアメダス気象情報システムがある．

　気象衛星により，日本上空の雲の映像を可視光と赤外線により観

1.1 社会基盤としての情報システム

測が行われ，その画像が地上に送信されている．日本をはじめとする各外国は，**WMO**（世界気象機関）の世界気象監視計画（**WWW**）の一環として，5個の静止気象衛星と数個の軌道衛星からなる世界気象衛星観測網を構築し，全世界的な規模で気象観測が行われている[*1]．

気象衛星「ひまわり」からの各時間ごとの映像は，例えば，（一財）日本気象協会が運営している，防災気象情報サービスのWebページ[*2]から見ることができる（図1.6参照）．

WMO：World Meteorological Organization (http://www.wmo.ch)

WWW：World Weather Watch

*1 http://www.jma.go.jp

*2 http://www.tenki.jp/satellite/

*3 一般財団法人日本気象協会 (http://www.tenki.jp/)

図1.6　気象衛星からの各時間ごとの映像[*3]

AMeDAS：Automated Meteorological Data Acquisition System

私たちを自然災害から守るため，気象庁では無人観測所の設置が進められた．1978年には全国約1300か所の観測所が遠隔で自動的に観測し，そのデータを気象庁がデータ回線で収集するという遠隔観測網が完成した．1300か所というのは，おおよそ17kmに1か所の割合になる．この気象データの遠隔観測システムが，**アメダス**（**AMeDAS**）である．各観測地点の全国各地の気温や日射量や降

第 1 章　情報社会と情報システム

図 1.7　全国各地の気温や日射量，降水量[*1]

水量を自動観測しており，そのデータを防災気象情報サービスのWeb ページ[*1] から参照することができる（図 1.7 参照）．

*1 http://
www.tenki.jp/
amedas/

5．電話交換システム

（a）電話交換システム

電話機と電話機を接続し，会話ができるようにするためのシステムを**電話交換のシステム**という．電話交換システムは，**電子交換機**とその交換機どうしを結ぶ高速なディジタル回線により構成されている（図 1.8 参照）．

電子交換機は電話交換処理のために設計された特殊なコンピュータである．電子交換機の制御はソフトウェアにより実現されている．このソフトウェアには高い信頼性が要求されている．電話のさまざまなサービスは電子交換機に内蔵されたソフトウェアにより実現されている．

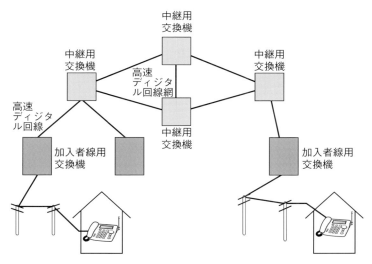

図 1.8　電話交換システム

　電話機と電話局内の電子交換機とは接続されており，電話の受話器を持ち上げる（オフフック）と，電子交換機は，オフフックが発生したという情報を受け取り，ツーという音を受話器から出すのである．
　相手先の電話番号を入力すると，地元の電子交換機は，相手先の電話局の電子交換機に対して，相手先の電話との接続要求のデータを送付する．もし相手先の電話がほかの回線とすでに接続が行われている場合には，話中の信号音が流される．
　音声は，ディジタル化され，多重化されて電話局との間でデータ転送が行われる．相手の電話機に接続するためには，この電話局間の接続ルートはひととおりではなく，いくつかの経路の選択肢があり，電話回線の混雑状況により，最適な回線が選択され，ときにはう回経路を使って電話を接続することがある．しかし，電話料金は，う回経路を使わない場合と同じ料金で計算が行われるのである．
　電子交換機は単に電話機どうしの接続や，適切な通信経路の選択をするだけでなく，通話料金の計算（課金という）なども同時に行っている．また，通話料金などは毎月集計されて各契約者に料金明細書として送付されることになる．この料金計算や料金明細書の印

刷などの事務処理計算にもコンピュータが使われている．

　地震などの災害が発生した場合などにおいて，緊急の連絡のために電話が使えなくなることは，負傷者を助け出すために大きな障害となってしまう．このため，NTT の電話交換システムは，災害が発生しても極力通話ができるようなシステムとしてつくられている．

　災害が発生し，停電になっても電話機は電話線から電力の供給を受けて動作するようにつくられている．このため電子交換機が設置されている建物には，大量のバッテリーと発電用のエンジンが設置されており，災害などで電力供給が停止した場合でも，電子交換機が停止することはないように設計されている．

　このように，社会基盤となっている情報システムには，企業内だけで使われる情報システムと異なり，災害などが発生しても動き続けることができるという高い信頼性が求められている．

(b) 携帯電話の交換システム

　携帯電話の制御にもコンピュータ（交換機）が使われている．

　携帯電話の交換システムでは，着信をするためにどの携帯電話がどこに存在するのかを常に管理している．なぜならば，私たちは携帯電話を持ち歩いて移動するが，電波は特定の範囲にしか届かないため，携帯電話が着信を受け付けるためには，その携帯電話になるべく近い携帯電話会社のアンテナと交信を行う必要があるからである．

　このため着信を待ち受けている状態の携帯電話は，常にその携帯電話機固有の電波を発信しており，携帯電話会社にその存在位置を知らせているのである．電話会社では，どの地域のアンテナから，どの携帯電話から発せられた電波を受信したかをデータベースで管理しており，そのデータベースから携帯電話の存在場所を知ることができるのである．

　携帯電話の位置が変更になると，電波が最もよく届く電話局側のアンテナも変わる．このデータベースのデータは，携帯電話の位置が移動するたびに変更が逐次行われている．携帯電話会社は，携帯電話に対して着信を行うときに，そのデータベースから適切な最も近いアンテナを特定し，そのアンテナからその携帯電話に対して電波を発信するのである．

携帯電話の電波が混信しないようにするためには，電波が届く範囲の地域で同じ周波数の電波が使われないようにする必要がある．携帯電話に割り当てられている電波の周波数の範囲（帯域という）では，すべての携帯電話に唯一の周波数を割り当てることは帯域のむだになるため行われていない．このため，通話を行うたびごとに電話局側と交信するための周波数の割当てを行っている．

ところで，携帯電話をかけながら移動した場合，電話局側では交信するためのアンテナを変更する必要がある．このアンテナの変更は，携帯電話で会話をしている最中に行われるが，先にも述べたとおり，携帯電話に割り当てられている電波の周波数の帯域は限られているため，アンテナを切り換えると同時に，交信を行っている電波の周波数も切り換える必要がある．移動しながら会話を行っている場合，電話局のアンテナと交信する周波数の変更は，瞬時にして行われているが，会話は当然途切れないように制御されている．

▍6．社会基盤としての制御系情報システム

社会基盤となっている情報システムには，飛行機の管制システム，電車の運行制御システム，救急医療システム，原子力発電所のシステム，送電システム，ガス供給システム，水道の流量や圧力制御システムなどさまざまなシステムがある．これらの制御システムにより，私たちはより安全で快適な生活を送ることが可能となっているだけでなく，生活するうえでこれらのシステムは必要不可欠となっている（図1.9参照）．

このため，これらの情報システムが停止した場合，私たちの生活は混乱し，時には人の命にかかわる事故が発生するなど，社会は多大なダメージを受けることになる．もし電力を送電するシステムが故障したら，送電が止まり，さまざまな情報システムが停止することになる．また，コンピュータのハードウェアが故障することも考えられる．コンピュータを動かしているソフトウェアのバグにより，コンピュータが異常動作をすることも考えられる．

このため，社会基盤となっている情報システムには，停電や電圧降下になってもコンピュータが動き続けられるように無停電電源装置（**UPS**）が設置されている．またコンピュータが故障しても予

UPS：
Uninterrupted
Power Supply

図 1.9　社会基盤としての情報システム

備のコンピュータが動作するようにすることで信頼性を高めている．

7. インターネット

インターネット：
internet

WWW：World Wide Web

＊ホームページとは本来トップページまたはウェルカムページのことをいい，それ以外のページのことをWebページという．このため，本書では，トップページのことをホームページとし，その他のページを含むページをWebページとして使い分けている．

　インターネットも私たちの社会を支える重要な情報システムである．私たちはインターネットから容易にさまざまな情報を入手することや情報発信をすることができるようになった．インターネットは無数のコンピュータとそれらをつなぐネットワークで構成されている．このオープンなネットワークは世界中のコンピュータと接続されており，瞬時に必要な情報を検索し，見つけだすことが可能である．

　インターネットで提供されているサービスの中で，**WWW**（一般には単にWebと省略する）サービスでは，企業や政府のWebページから情報の検索や，自分専用のホームページを開設して情報を発信することが可能である＊．

1.2 行政の情報サービス

1. 行政の情報システム

　私たちの生活を支える情報システムには，日本年金機構システム，国税庁システム，車検登録システム，特許庁システムなどがある．市役所や区役所などの自治体でも，住民登録データの管理，住民票の発行などにコンピュータが使われている．図書館でも蔵書の管理や貸出しの管理にコンピュータが使われている（図1.10参照）．

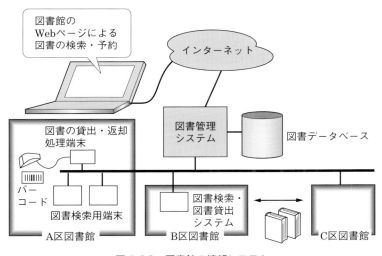

図1.10　図書館の情報システム

2. 日本年金機構システム

　平均寿命が延び，長い老後生活の所得保障として，年金保険はますます重要な役割を担っている．現在，公的年金の加入者は7000万人を超えている．日本年金機構では，年金保険のうち，職業にかかわらず20歳以上のすべての人が加入する「国民年金」，民間会社で働く人などが加入する「厚生年金保険」，船員が加入する「船員保険」を事業運営している*．

*http://www.nenkin.go.jp/

　日本年金機構では，基礎年金番号の設定や加入記録などの管理業

務を行っている．各加入者には，年金の金額がどう設定されているのか，過去に加入者が年金の積立てにどれだけ支払ったか，現在の年金の残高がどれだけあるのか，過去に年金の受給がどれだけ行われたのかなど，日々変更されるこの膨大なデータの管理を日本年金機構のコンピュータシステムが行っている．

3. 国税庁システム

国税庁[*1]では，1966年から情報システムが稼働しており，国税庁の事務処理の高度化・効率化が行われている（国税総合管理システム（KSKシステム））．コンピュータにより，申告所得税事務，法人税事務，源泉所得税事務，消費税事務，債権管理事務などの業務の効率化が行われている．例えば，所得税の事務処理業務においては，納税者の申告事績などの基本データベースから

① 納税者に送付する申告書用紙へのあて名，予定納税額の記入
② 申告額の検算・集計
③ 高額納税者の公示者名簿，納税者名簿

などの作成などが行われている．

*1 https://www.nta.go.jp/

4. 車検登録システム

車検登録システムでは，全国の車両番号，車検の情報や所有者の情報がデータベースにより管理されている．警察署が不審な自動車を発見した場合，ナンバーから，その自動車の所有者や，それが盗難車であるかどうかの検索を行うこともできるようになっている．

5. 特許検索システム

特許庁[*2]では，特許，実用新案，意匠，商標の審査と登録，またその権利の保護を行っている．現在どのようなものが特許として認められているのかを検索できるサービスを特許情報プラットフォームのWebページで提供している[*3]．特許や実用新案などのデータはコンピュータにより管理されている．発明や知的創造の成果を保護することは産業の発展には不可欠であるが，最近では，ビジネスモデルの特許が認められるなど保護の範囲も時代とともに変化してきている．

*2 https://www.jpo.go.jp/indexj.htm

*3 https://www.j-platpat.inpit.go.jp

6. 自治体の情報システム

　自治体では，さまざまな情報システムが稼働している．住民票の管理なども電子データとして管理されている．住民票が紙で管理されていた時代では，その紙の原本が保管されている市役所や区役所などでしかその住民票の写しを得ることができなかった．しかし現在では，住民票を電子データとして管理させることにより，住民票に記載された住所の役所に行かなくても住民票を取得することができる．例えば，横浜市の場合，各区ごとに区役所があり，過去においては，西区の住民の住民票は，西区の区役所でなければ取得できなかった．それが今では，住民票のデータが電子データとして記録されており，また各区役所がデータ回線で結ばれているため，どの区役所からでも住民票を取得することが可能となっている．

7. 電子投票

　選挙の投票結果をコンピュータで処理することで集計作業を省力化することができる．日本では，一部の地方自治体の選挙で電子投票が行われている．投票所でICカードを渡し，そのICカードを端末にセットすることで端末からの入力が可能となり，端末から候補者を選択する．この方法により投票終了時に瞬時に誤りなく集計が可能となった．

　米国などにおいてはすでにマークシート式の記入用紙が用いられ，コンピュータによる集計処理が行われている．米国において2000年の大統領選挙に投票用紙を読み込む装置が使われ，コンピュータ処理が行われた．しかしマークシート形式の投票用紙に誤って記入されたものが多数見つかり，マークを正しく読み取ることができなかった．投票結果は接戦であったため投票終了後に一部の地域のものについては，手作業による再集計が行われた．

　近い将来，日本でもインターネットにより投票ができるような**電子投票**ができるようになるであろう．その場合，個人認証をどのように行うかが課題となる．インターネットによる電子投票であれば投票所に行かなくても投票を行うことができ，票の集計も手作業で行う必要がなくスピード化と人件費の節約ができる．自宅のパソコンから投票できることは，インターネットを使うことのできる者に

とっては便利だが，電子投票が進めば投票所の数が減ることにも考えられ，インターネットを使えない者にとってはますます不便になってしまう可能性がある[*1]．

*1 8.4節参照．

8. 図書館システム

図書館の図書の貸出管理にもコンピュータが使われている．

*2 http://www.city.yokohama.lg.jp/kyo/library

例えば，横浜市の図書館[*2]では，400万冊以上の図書が管理されているが，インターネットから図書の検索を行うと，市内にある18の図書館のどの図書館にその本があるかを知ることができる．検索はインターネットのほか，図書館に設置されているコンピュータを使うことで，すべての横浜市立図書館から，読みたい図書を探し出すことができる．また，その図書を貸出希望の図書館に取り寄せて借りることもできる．

図書館で発行される貸出カードは，市内のすべての市立図書館で使うことができる．また，図書は，どこでも借りられて，どこでも返せるようになっている．すなわち，借りた図書館でない横浜市立図書館に図書を返すことができる．これらができるのは，図書館の図書管理が図書館ごとに行われているのではなく，各図書館と図書を管理しているコンピュータとがデータ通信ネットワークにより接続され，各図書館の貸出・返却の履歴がコンピュータにより管理されているためである．

この図書管理システムにより，インターネットや図書館に設置されているコンピュータを使うことで，容易に図書の検索ができ，便利になった．しかし，一方，インターネットを使えない人，コンピュータの扱いが苦手な人はそのサービスを享受することはできず，サービスの格差が生じている．公共システム，社会基盤となるシステムを考えるとき，コンピュータを扱うことの苦手な人でも使いやすいシステムとする必要がある．

9. 政府機関の情報公開

私たちは，政府や行政のWebページから，さまざまな情報を得ることができる．

*3 http://www.kantei.go.jp/

例えば，首相官邸のホームページ[*3]からは，どのようなことが

*1 文部科学省
(http://www.
mext.go.jp/)

閣議決定されているのかを知ることができる．文部科学省のホームページ*1 では，中央教育審議会でどのような審議が行われているのか，また教育白書や教育関係の各種統計情報などを見ることができる（図1.11 参照）．

図 1.11　文部科学省のホームページ

政府が法律や政令，条約などの公布をはじめとして，国の機関としての諸報告や資料を公表するために官報が発行されているが，この官報もインターネットで見ることができる*2．

*2 http://
kanpou.npb.
go.jp/

ウイルス：virus

インターネットに接続してコンピュータを使っていると，**ウイルス**に感染した人から電子メールを受け取り，その電子メールからウイルスに感染してしまうことがある．**情報処理推進機構（IPA）**のセキュリティセンター*3 では，最新のウイルスの情報を入手することができる（図1.12 参照）．

*3 http://
www.ipa.go.jp/
security/

警察庁のホームページ*4 からは，私たちが安全に生活するための情報や，**サイバー犯罪**に関する情報，警察白書などを知ることが

*4 http://
www.npa.go.jp/

図 1.12　情報処理推進機構のセキュリティセンター*

＊情報処理推進機構のセキュリティセンター（http://www.ipa.go.jp/security/）

できる．技術の進歩によりコンピュータやネットワークなどの高度な技術を使ったサイバー犯罪が増えてきている．このサイバー犯罪の最近の犯罪傾向やその対策の情報をインターネットから入手すれば，新しい犯罪の被害に遭わないように自己防衛することができる．

インターネット上に政府のWebページが作成される前には，政府で行われている審議内容や政府が発行する文書を容易に入手することはできなかった．そしてインターネットのWebページにより**情報公開**が行われる前は，一部の識者により政府の意思決定が行われていた．しかし現在ではインターネットに接続することができていれば，世界の裏側にいても情報公開されている最新の政府の情報を入手することが可能となっている．

もし学校教育に関心があり政府の施策に対して意見があれば，文部科学省のホームページで公開されている電子メールのアドレスに意見を送信することができる．行政に対して手軽に意見を述べることができるようになり，政府も私たちの意見を広く聞くことができ

るようになった．そして，政府に対する意見とそれに対する回答が公開されることにより，政府の意思決定に対してオープンな場で市民と政府とが意見交換を行うことができるようになった．このことにより，政府の政策の決定についてその決定の過程やその理由などをこれまでより容易に知ることができるようになった．

インターネットに接続して政府や企業が発する情報を早く入手することで，私たちが生活をするうえでの意思決定にその情報を生かすことができ，より豊かに暮らすことができる．今後さらにインターネットからさまざまな情報を得ることや，行政サービスを受けることが可能になるであろう．

しかし，インターネットに接続して私たちの生活に必要な情報を入手することができない人はそれらの恩恵を受けることができない．インターネットから情報を得ることができないと，必要な行政サービスを受けられることができない場合も出てくるだろう．入手できる情報の格差による機会の不平等が経済的な不平等を生じさせ，新たな社会問題となっている．

演習問題

問1　本書で紹介している情報システムのほかに，社会基盤としての情報システムにはどのようなものがあるか．情報システムの事例を調査し
　　（1）そのシステムの目的
　　（2）その情報システムが社会にどのような貢献をしているのか
　　（3）その情報システムが停止しないような，または停止した場合に備えてどのような対策が採られているのか
　　を述べよ．

問2　行政の情報システムにはどのようなシステムがあるか．地元の行政に対し，どのような情報システムがあるのかを調査し，そのうち一つについて，その情報システムの目的，その情報システムが行っている業務内容，情報システムの構成やしくみなどを述べよ．

第2章
情報化による
ビジネス環境の変化

　企業では他社との競争に勝つため，情報を活用したビジネス戦略をとっており，情報力が企業の競争力となっている．また，情報技術の活用により，異なる業種の企業が競合企業となり，コンピュータやインターネットを用いた新しいビジネスモデルが出現し，従来常識とされていたビジネスのあり方が大きく変わりつつある．この章では情報化により，企業ではどのような変革が起きているのか，またどのようなビジネスの枠組みの変革が起きているのかについて学ぶ．

■2.1　コンビニエンスストアにおける情報の活用事例

▎1．企業の情報の価値

　企業とは，限られた経営資源を活用して利益をあげる活動を行う組織体である．この経営資源とは，人，物，金，情報・知識，ブランドなどのことをいう．私たちは過去に，企業の力や規模を表す尺度として，従業員数や資本金などを用いてきた．しかし，現在では従業員数の大きな会社が安定した優良企業であるとは必ずしもいえない．企業が他社に負けない商品やサービスを創出するためには，知識や情報が必要不可欠となってきており，企業の力は，その企業

の持っている情報や知識の力で測られる時代となりつつある．

　知識や情報は，新しい商品を生み出すためだけでなく，経営の意思決定のスピード化にも使われている．過去においては，企業経営が，経営者の経験や勘などで行われていたが，より利益を得るためには，情報に基づいた経営の意思決定が必要不可欠となっている．企業の中に埋もれていた情報をいかに経営に活用しているかが，他社との競争力となっている．

　社員が得たビジネスに有益な情報や知識，顧客に対する企画書や提案書を作成し，それを社内のネットワーク上に登録することを行っている企業もある．企業内の知識を社内のネットワークを使って共有化し，社員が社内ネットワークから自由にビジネスを行うために有益な情報や必要な知識，ひな型となる企画書，提案書を得ることができるようになっている．このような取組みを**ナレッジマネジメント**という．また，企業内に共有化された知識のことを**コーポレートナレッジ**という．ナレッジマネジメントを行うことで，顧客に対して高付加価値なビジネス提案ができるだけでなく，経営の効率化にもつながるのである（3.6.5項参照）．

　個人の知識や企画書，提案書といったノウハウを企業内で共有化することは，企業の情報力を高めるための一つの方法であり，このことはビジネスの効率化，高付加価値化，競争力の向上といったことにつながっているのである．

▌2．バーコードによる販売業務の効率化

　コンビニエンスストアやスーパーで買い物をするとき，レジに買いたい商品を持っていくと，店員は各商品に印刷された**バーコード**を読み取って商品の代金の集計を行っている．

　バーコードは線の太さの違いをバーコードリーダで読み取り，それを数値に変換して，コンピュータに入力をしている．バーコードは，バーコードの下に印刷された数値を表している．バーコードの種類には多数あるが，日本国内の商品に付けられているのは**JANコード**＊というバーコードである．このバーコードで表されている13桁の数値は，国を示す番号（先頭の45または49は日本製であることを表す）と製造会社番号（5～7桁）と商品番号（5～3桁）

バーコード：
barcode

JAN：Japanese Article Number
＊一般財団法人流通システム開発センター（http://www.dsri.jp）

の3種類の番号と，最後の1桁のチェックデジットで構成されており，同じバーコードが異なる商品に付与されるようなことはない．

　コンビニエンスストアでは，バーコードを読み取り，商品の金額をレシートに印刷しているが，バーコード自体が商品の金額を表しているわけではない．レジに接続されたバーコードリーダがバーコードを読み込み，レジはストアコンピュータの記憶装置に記憶されている商品マスタデータからそのバーコードを検索し，その商品の価格や商品名を求め，レシートに印字しているのである．

　レジの中には，図2.1のようなデータベースがあり，バーコードのほかにその商品名や商品の価格，販売量，在庫量などが記録されている．バーコードを読み取ると，レジはこのデータベースから，バーコードをキーにして検索を行い，該当する商品名や商品の価格を求めている．レジはそのデータをレシートに印字し，合計の計算を行っている．また，レジは合計金額を計算するだけでなく，その商品を販売した場合には，その商品の販売量の数値を1増やし，在庫量を1減らすことを行っている．すなわち，商品ごとの販売量の集計をも行っているのである．

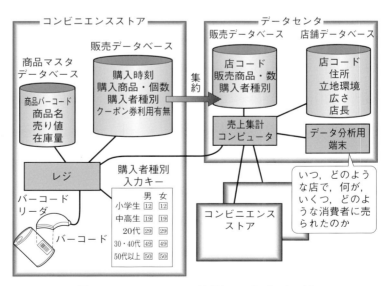

図2.1　POSシステムで管理しているデータの例

バーコードによる入力により，店員がレジでの金額の打ち間違いがなくなり，さらに省力化も行うことができるようになった．また，商品の販売価格を変更したい場合，レジのデータベースを変更することで容易に販売価格の変更ができるため，商品に貼り付ける値札を付け替えるという作業も不要になった．同じ商品を複数購入した場合に受けられる割引の設定も，あらかじめレジにその条件を設定しておけば，自動的に割引の計算が行われる．このため，レジの操作が簡単になり，店員の教育も短時間に行うことができるようになった．消費者側にとっても，レシートには単に金額が印字されているだけでなく，商品名，割引内容も印字されるため，安心して買い物をすることができるようになった．

3. コンビニエンスストアでの販売データの活用

コンビニエンスストアに買い物に行くと，店員はレジで商品のバーコードを読み取る際に，あるボタンも押している．このとき，購入者種別に対応したボタンを押しており，どのような顧客が買い物をしたのかのデータを入力している．すなわち，購入者種別のボタンは，客のおおよその年齢と性別を示すもので，このデータを入力することで，レジには，どのような客が，いつ，何を，どの商品と組み合わせて購入したかというデータが記録される．このデータを分析することにより，商品の売上げ傾向や，店舗の立地条件や広さにより，どのような売上げ傾向があるのかを知ることができる．

このデータは，通信回線を用いて定期的にコンビニエンスストアのデータセンタに転送されている．データセンタにはどの店で，どのような客がどの時間帯に，どのような商品を組み合わせて購入したかという情報が蓄積される．データセンタには店舗のデータも記録されている．どの店舗は，どのような場所（住宅街か，繁華街か，観光地かなど）にあるのか，店舗の面積，店舗の品ぞろえなどが管理されている．

4. 戦略的な仕入れと発注管理

店舗とデータセンタとが通信回線で結ばれることにより，どのような客が，いつ，何を，どの商品と組み合わせて購入したかという

販売データはデータセンタに集約され，このデータを集計することで，どのような商品が何個売れたのかを知ることができる．そのデータは製造メーカに対して適切な数量を発注するために使われ，さらに，商品の販売数量の時間的変化を分析することで，適切な数量の仕入れ数量を戦略的に決めることができるようになった．売れ筋商品，死に筋商品を知ることや，商品ごとの売上げをグラフ化することにより，商品ごとの売上げの傾向がわかる．このデータをもとに仕入れ数を決定することができるようになり，商品の戦略的な仕入れが可能となった．

5. 配送業務の効率化と在庫の削減

この販売データは，配送センタにも送られ，各店舗ごとに商品が必要な数だけ補充されるシステムを構築することが可能となった．すなわち，どの店舗で何がいくつ売れたのかという情報は，図 2.2 のように，データセンタから商品の配送センタに転送される．配送センタでは各店舗ごとのコンテナに商品を売れた数だけ補充を行

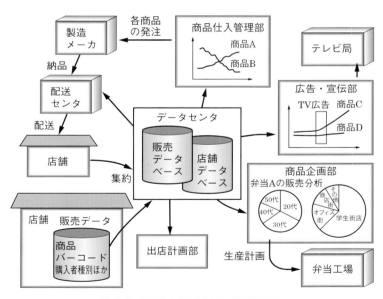

図 2.2 POS システムでの情報の流れ

い，そのコンテナを各店舗ごとにトラックで配送する．このため各店舗では，むだな在庫を抱えることがなくなった．各店舗の在庫を減らすことができたことは，在庫を保管するスペースを少なくすることができ，狭い店舗面積を効率的に使うことができるようになる．販売店は，店舗に商品を配置するための資金を銀行から借入れ，その資金で商品を仕入れる．すなわち在庫を多く抱えることは，銀行からの借入れを増やすことにほかならない．各店舗が抱える在庫を少なくすることは銀行からの借入れを少なくでき，銀行へ支払う利息を削減することができるため，経営上にも大きなメリットがあるのである．

　レジとデータセンタとが回線により結ばれ，店舗ごとの商品の在庫管理業務や配送センタへの発注処理業務の手間を省くことができるようになったが，このような販売時に商品の販売情報を処理し，売上げ管理や在庫管理を自動的に行うシステムを **POSシステム** という．

POS：Point Of Sale

▍6．POSシステムによる売上げ傾向分析

　データセンタに蓄積された商品の販売データを分析することにより，店舗の立地（店舗が商店街の中にあるのか住宅街にあるのかなど）ごとに，どのような客層がどの時間帯にどのような商品を購入しているのかを把握することができるようになった．店舗の立地や季節により，売れるものにも違いがあることが分析できる．同じコンビニエンスストアの系列でも，よく調べてみると，繁華街にある店舗と，住宅街にある店舗，また季節により出入り口の近くの棚に並べられる商品も異なる．

　販売データは店舗の特徴ごとに，どのような商品を，どのような店舗に，どう配置したらよいか，という販売戦略（商品の棚割り）を立てるときの参考にもされているのである．このように，POSシステムは，単に店舗の売上げデータを単純に集計し，仕入れ管理などに用いられるだけでなく，コンピュータを用いて分析することで，戦略的な商品販売，戦略的な新商品開発などに活用されているのである．

7. POSシステムとお弁当の販売

　コンビニエンスストアでは，お弁当など生鮮食料品を扱っているが，生鮮食料品の販売では，適切な販売数量を見積もることが重要である．仕入れが多すぎた場合，賞味期限を過ぎた商品を処分しなければならない，一方仕入れ数が少なかった場合，販売機会を失うだけでなく，消費者に対して信用を失うことにもなる．このため，適切な量の仕入れ数を見積もることはたいへん重要である．お弁当の売れ残りをなくすため，あるコンビニエンスストアでは，お弁当は生の状態で店頭には置かず，冷凍状態で保管し，注文を受け付けた時点で解凍と温めを行うという方法が採られている．

　POSシステムの販売データは，時々刻々と変化する販売データを分析することで，販売数量をタイムリーに予測することができる．お弁当がどの時間に在庫がなくなったのかを分析することで，そのお弁当の製造数が適切であったのかを知ることができる．また，店舗によりお弁当の売上げ数にどのような違いがあるのかを知ることもでき，どの店舗にはどのようなお弁当をどれだけ配置したらよいかの情報をPOSシステムから得ることができる．

　例えば，住宅街のコンビニエンスストアと，オフィス街のコンビニエンスストアとでは，お弁当を買う客層も購入されるお弁当の種類や売れる時間帯が異なる．住宅街では，主婦の昼食としてお弁当が多く売られ，大学の近くでは学生向けのお弁当が多く売れるため，同じコンビニエンスストアでも品ぞろえが異なる．

　POSシステムにより，その日の販売データをその日のうちに知ることができる．タイムリーに販売データを知ることができることにより，早い時間に適切な製造量を見積もることができ，計画的な製造を行い，作り過ぎや商品不足にならないようにすることができ，むだを省くことができる．

8. POSシステムの販売データと製造メーカの戦略的活用

　POSシステムで収集された販売データには，その商品を購入した顧客のデータも記録されている．すなわち，その商品を購入した顧客は，どの地域に住む人なのか（どこの店舗で販売されたか），どのような年齢の人なのか，性別はどちらなのかが購買データを分

析することでわかる．

　製造メーカでは商品を開発する場合，その商品のターゲットとなる顧客を想定する．新しい商品を企画する場合，過去の商品がどのような顧客に販売されたのかの情報が，その企画の成否を左右するといってもいい過ぎではない．しかし，製造メーカでは，どの商品が，どの客層に，どの地域の店舗で，どの時間帯に売れているのかのデータを正確に得ることは難しい．しかし，コンビニエンスストアでは，どの商品が，どのような顧客に販売されたのかの情報が蓄積されている．

　POSシステムのデータセンタに蓄積された，販売データを製造メーカが購入することで，新しい商品企画にその情報を生かすことができ，より消費者のニーズに合った商品を開発することができるようになる．

　POSシステムの販売データを分析することで，想定していた顧客が購入しているのかを知ることができる．例えば，子供向けの商品の場合，その商品が男の子に売れているのか，女の子に売れているのか，どのくらいの年齢の子どもに売れているのか，親と一緒に買い物に来ているのか，単品で購入しているのか，ほかの商品のついでに購入されているのか，都市部の子どもに売れているのか，団地のある地域で売れているのか，一戸建て住宅の多い地域で売れているのかなどを分析することができる．この分析結果をもとに，次の商品を企画することができる．

　POSシステムにより得られるデータは，コンビニエンスストアの販売戦略に使われるだけでなく，そこで扱っている商品を製造しているメーカなど，その企業を取り巻くグループの企業においても戦略的に重要な情報なのである．販売店は製造メーカにそのPOSシステムから得られるデータを販売することでさらに利益を得ることも可能である．

　すなわち，コンビニエンスストアの店員は，バーコードを読み取り，商品販売の仕事を行っているだけでなく，製造メーカに販売できる貴重なデータの入力作業も行っているのである．コンビニエンスストアの店員が，バーコードで販売データを入力していること自体がデータという商品をつくり出しているといえるのである．

■9. POSシステムと広告戦略

　POSシステムで収集された販売データには，その商品が販売された詳細な時間も記録されている．製造メーカが商品のテレビ広告を行っても，その効果を定量的に計測することは難しい．週単位程度に売上げの伸びを計測することができたとしても，広告の効果を厳密に知ることはできない．それは，製造メーカでは，テレビ広告を行っても，どの時間に，どのような販売店で，どのような客層に売れたのかを把握するのは難しいからである．

　テレビ番組の評価尺度の一つに視聴率があるが，商品の宣伝を高い視聴率の番組で行うことが最も効果があるとはいえない．子ども向けの商品の広告を視聴率の高い大人向けの番組で行っても効果は低い．

　大人向けの商品は，大人を対象とした番組で宣伝することが効果的であることは容易にわかるが，POSシステムの販売データを分析することで，その商品がどのような客層に売れているのか，そのような客層はどのような時間帯に，どのような店舗で購入をしているのか，などのデータを使うことで，より細かい販売戦略，広告戦略を立てることが可能なのである．その商品を購入している客層が，どのような番組を見ているのかを直接把握することは難しい．しかし，どの番組で広告したときが最も宣伝効果があったのかを分析することは可能である．

　コンビニエンスストアがオリジナル弁当を開発し，テレビ広告が行われている．そのテレビ広告の効果がどれだけあったのか，POSシステムのデータを分析することで，テレビ広告を行った場合に，その商品について，どのように売上げが伸びたかを正確に定量的に把握することができる．POSシステムにより，テレビ広告を行った後の売上げ傾向を分析すれば，どの番組の，どの時間帯に，どのような商品の広告が最も効果的であったのか，テレビ広告の効果を定量的に把握することも可能となり，効果的，効率的にテレビ広告を行うことができるのである．

　商品に対する特別な割引のキャンペーンを実施し，そのテレビ広告を行った場合，売上げがどのように推移したかを的確に把握することもでき，その特別な割引キャンペーンの効果を定量的に測定す

ることが可能であり，次のキャンペーンの戦略を立てるうえでの重要な情報を得ることもできる．新しい商品を開発した場合，どのような広告戦略をとったらよいのか，どのようなメディアで，どのようなタイミングで広告宣伝をしたらよいのかを知ることができる．

10. POS システムと通信ネットワーク

　POS システムのデータをデータセンタへ送るための通信回線は，当初は販売履歴や発注のデータをデータセンタに送信する業務のために使われていた．しかし現在，この通信回線は単なる業務回線としてではなく，商品の一つとなっている．

　コンビニエンスストアとデータセンタとを接続する通信回線を活用することで，新しいビジネスを行うことができるようになった．公共料金の振込み，銀行の ATM の設置，チケットの購入，ゲームソフトの販売などは，すべてこの通信回線を用いることにより可能となったビジネスである．

　例えば，ゲームソフトの販売の場合，顧客はゲームソフトを書き込むためのカートリッジを購入し，それをコンビニエンスストアに設置された機械にセットする．そして画面の操作を行い，購入したいゲームを選択すると，そのゲームのプログラムが通信ネットワークを通じてデータセンタから取得され，カートリッジに書き込まれる．このように，販売されているゲームのソフトウェアは，コンビニエンスストアにあるわけではない．商品そのものはデータセンタに置かれているのである．すなわち，データセンタとの回線から得られるデータが商品であり，データ回線を活用することで，限られた店舗面積の中で，販売する商品の幅を広げることにもなったのである．

　公共料金の支払いや電話料金の支払いもコンビニエンスストアで行うことができる．これらはコンビニエンスストアの商品であり，データセンタとの通信回線があったからこそ可能となったビジネスなのである．

11. コンビニエンスストアとネットショッピング

　インターネットの Web ページから商品を注文し，購入すること

を**ネットショッピング**という．ネットショッピングの場合，お金を振り込んだのにもかかわらず商品が送られてこない，または間違った商品が送られてきた，あるいは販売店にとっては注文された商品を送ったにもかかわらずお金が振り込まれないといったトラブルが生じている．このため，商品と現金の受取りをコンビニエンスストアで行うというネットショッピングを展開しているコンビニエンスストアがある．コンビニエンスストアでは店舗の面積に制限があるため，限られた商品しか配置することができないが，コンビニエンスストアのWebページには店舗に配置していない商品も多数紹介されており，それらを購入することができる．顧客はコンビニエンスストアのWebページでネットショッピングを行い，近くのコンビニエンスストアでその商品の受取りと支払いを行うことができる（図2.3参照）．

　コンビニエンスストアが運営するWebページで商品の注文を行い，その商品の受取りはコンビニエンスストアで行い，その支払いもその場で行うというビジネスは，顧客にとっては，送料の負担がなく，早く，着実に手に入れることができるというメリットがある．また，商品の受取りも24時間営業の店舗であれば，いつでも受取りに行くことができるというメリットもある．販売店では，商品の引渡し時に確実な入金を得ることができるので，未集金に対す

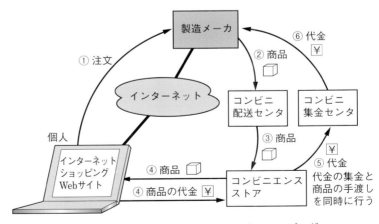

図2.3　コンビニエンスストアとネットショッピング

る督促状の送付などの手間を省くことが可能であるというメリットがある．

　ネットショッピングの場合，商品の宣伝，販売，決済，配送などのビジネスモデルをいかに構築するかがビジネスの成否を左右する．Webページにより広告宣伝は容易にできるようになった．しかし配送のために配送業者を利用すると，配送料が必要となるため，商品の価格が高くなってしまい，消費者にとってメリットは少なくなってしまう．販売店にとっても，確実な現金収入があるわけではないため，リスクを負うことになる．

　このため，すでに販売，流通，決済の機能を持つコンビニエンスストアがその強みを生かして，ネットショッピングを展開し，他社との優位性を得て，ビジネス展開を図っているのである．

12. コンビニエンスストアのPOSシステムの進化

　コンビニエンスストアでのコンピュータの活用は，導入の当初は，各コンビニエンスストアの経営を改善することが目的であった．コンビニエンスストアによるPOSシステムは，当初は店舗側の在庫の縮小，レジの省力化，レジ投入の正確性の向上，発注業務の省力化が目的であった．

　その後，データセンタに集約された販売データを分析することで，戦略的な店舗の棚割り，戦略的な商品の仕入れ，戦略的な新商品開発，戦略的な出店計画などに使われるようになった．

　店舗とデータセンタとの間のネットワークで流れるデータは，店舗の販売データを収集するためのネットワークであった．しかし，このデータセンタと店舗とを結ぶデータ通信回線をビジネスとして用いることにより，さまざまな商品の販売やサービスの提供が行われるようになった．コンビニエンスストアでは，公共料金の支払いができ，店内に設置された端末を用いることで，銀行口座からの現金の引出しや入金もできる．すなわち，コンビニエンスストアは銀行業も行うようになったのである．また，店内に設置された端末を操作することで店内に置いていないさまざまな商品を購入することができたり，さらに，コンサートチケットの購入ができるチケットセンタでもあるのである．店舗とデータセンタとがネットワークに

接続されているようになり，ほかの小売業ビジネスとの差別化を生み出してきた．コンビニエンスストアは小売業という枠を超えたビジネス展開が行われている．

当初は販売される商品も店舗に配置されているものに限定されていたが，ネットショッピングとの連携も図られており，店舗に置いていない商品を買うことも可能となっている．

2.2　顧客情報の活用

1．顧客情報とは

POSシステムの場合，どのような顧客が購入したのか，おおよその年齢や性別などのデータを得ることは可能であるが，購入した顧客を特定することは不可能である．しかし，商品をより戦略的に販売しようとする場合，その商品が誰に売れたのかを把握することは，販売戦略を立てるうえでたいへん重要である．製造メーカにとっても，おおよその年齢や性別だけでなく，住所，氏名，年齢，趣味などのより詳細な顧客の情報は，その後の商品の企画を考えるうえでたいへん貴重な情報となる．

現在では，消費者の好みや商品の種類が多様化してきている．このため，やみくもに商品を製造するのではなく，その商品を購入するであろう消費者をある程度想定した商品企画を行い，適切な数の製造を行うことが求められている．

このためには，どのような顧客がどの商品を購入しているかといった情報が不可欠となっている．

2．CRM

どこに住んでいる何歳の顧客が，どの店舗で，どのような商品を，いつ購入したかの販売データを分析すれば，その顧客に対してどのような商品を紹介したらよいのかをある程度想定することができる．

販売店であれば，ダイレクトメールを出すときの顧客の層別を行うための基礎データとなる．顧客に対して一律にダイレクトメール

を出すのではなく，お得意様には，高いサービスを，そうでない顧客には高くないサービスを提供することで，効率的な宣伝を行うことができるのである．

　顧客の情報を管理し，それを経営戦略に生かすシステムを顧客情報管理システムまたは **CRM** システムという．顧客情報管理システムは，この後に紹介する，**CTI** システムや**ワントゥワンシステム**の基礎となっており，顧客に対してよりきめの細かいサービスを提供するために不可欠なシステムである．

CRM：Customer Relationship Management

CTI：Computer Telephony Integration

ワントゥワンシステム：one to one system

　顧客情報管理システムを構築するためには，どの顧客がどの商品を購入したかの情報を入手し，それらを適切に管理し，商品企画や販売戦略などに活用できるようにすることが必要である．

　顧客情報はポイントカードの入会時のデータ（氏名，住所，電話番号，電子メールアドレス，生年月日など）や商品を購入した履歴情報などにより構成されている．顧客情報を得てそれをビジネス戦略に生かすことは，製造メーカにおいても販売店においても効率的なビジネスを行うために欠かすことはできなくなってきている．企業は顧客の情報を得ることが，顧客に対して高付加価値のサービスを提供し，ビジネスを成功させるうえでたいへん重要となってきている．顧客情報を分析することで，店頭で販売店員がどのような顧客に対してはどのような商品を紹介したらよいのかといった販売戦略を立てることにも使うことができるのである．

　このためどのようにして顧客情報を入手するか，また入手した情報を分析して有益な情報をそこから導き出すことが企業経営において重要となってきている．

　また，顧客情報を外部に漏えいしてしまう危険性もあり，収集した顧客情報を十分なセキュリティにより管理することが求められている．

＊6.4.3 参照．

　顧客情報が企業経営にとって高い価値をもつため，顧客情報を求める企業があり，それが不当に売買され，**個人情報の漏えい**＊という社会的な問題も生じている．

■3．ポイントカード，メンバーズカード

ポイントカード：point card

　販売店が顧客の情報を得る方法として，店舗で発行する**ポイント**

メンバーズカード：membership card

カードやメンバーズカードがある．ポイントカードまたはメンバーズカードを商品購入時に提示することにより，その商品の金額に応じてポイントが貯まる．そして次の商品購入時に再度そのカードを提示すると，ポイントに応じた割引を受けることができるというサービスである．消費者は，カードの発行を受けることで，商品を安く購入することができるというメリットがある．

このカードを発行するときに，氏名，住所，生年月日などの個人データを用紙に記入してもらい登録する．

カードには固有のバーコードや磁気データが記録されており，そのバーコードにより個人を特定することができる．商品を購入するとき，このカードのデータも一緒にデータ入力されるため，商品を購入した顧客を特定することができるのである．

例えば，電気製品やカメラなどを販売する店の場合，顧客がパソコンやプリンタ関連の消耗品，周辺機器を購入していればパソコンを所有していることがわかる．またその顧客が写真の印刷用紙などを購入していれば，カメラを所有していることがわかる．購入している用紙の種類や購入の頻度により，どのようなカメラを所有しているのか，どれくらいの割合で写真を撮っているのかも想定できる．どの顧客がどのような商品を購入しているかのデータを分析することで，その顧客の所有しているものや好みなども知ることができる．

販売店が，特別セールのためにダイレクトメールを発送する場合，顧客の購入金額に応じて，お得意様なのかそうでないのかを区別し，ダイレクトメールを効率的に発送することができる．また，顧客の購買内容を分析することで，カメラ関連のお得意様なのかパソコン関連のお得意様なのかにより，ダイレクトメールの内容も効果的に変えることが可能である．

POSシステムと違い，ポイントカードやメンバーズカードでは，顧客情報と販売情報とを分析することにより，顧客ごとの好みや購買傾向を知ることができる．その情報を用いることにより，より細かい販売戦略の立案ができ，商品を効果的に販売することができる．

4. 製造メーカによる顧客情報の管理

販売店が発行するポイントカードなどではカードにより個人を特

定しているが，インターネットによる**ネット販売**でも顧客情報を得ることは可能である．ネット販売では，消費者は製造メーカのWebページから商品を検索し，そのWebページから注文を行う．販売店を経由せず，製造メーカと消費者とが直接売買を行う．これを**ダイレクト販売**という．ダイレクト販売の場合，顧客は製造メーカのWebページで商品の発注を行うが，そのときに氏名，住所，電話番号，クレジットカードの番号などを入力する．

　従来，製造メーカと消費者との間には販売店があったため，どのような顧客がどのような商品を購入しているのか製造メーカが直接知ることはできなかった．しかし，ダイレクト販売を行うことにより，顧客の情報を直接入手することが可能となった．

　製造メーカは誰にどの商品が販売されたのかを管理することで，顧客からの問合せを受けたとき，その顧客がどの製品を使用しているのかを直ちに知ることができる．これは，顧客にとっても，問合せするたびにいちいち製品のことを説明する必要がないため，煩わしさが低減されるという効果がある．

　製造メーカは，その商品の販売後に，販売した商品のオプションを効果的に販売するために，該当商品を購入した顧客に直接ダイレクトメールを送ることで効率的な宣伝を行うことができる．また，販売された商品と同じターゲットとする次の商品が発売された場合の宣伝にも使うことができる．

2.3 CTI

CTI：Computer Telephony Integration

コールセンタ：call center

1. CTIとコールセンタ

　CTIとは，コンピュータと電話とを機能統合したシステムである．主に，顧客からの問合せや注文を電話で受け付けている**コールセンタ**の業務に使われている．

　電話をかけると一般的には相手に電話をかけたほうの電話番号が自動的に通知される．これを発信者番号通知サービスという．この発信者番号通知の電話番号により電話をかけてきた顧客を特定することができる．初めてコールセンタに電話をかけたときに，氏名や

住所などを聞かれ，それに応えると，そのデータは電話番号とともに顧客データとしてコンピュータに記録される．

2回目以降にコールセンタに電話をかけると，この発信者番号がコンピュータにより検索され，コールセンタの端末には，電話をかけてきた相手の氏名や住所，過去の取引情報，コールセンタの過去の対応状況などが自動的に表示される．このことにより，各顧客に対して質の高いサービスを提供することができる．

CTIのシステムは，図2.4のような構成となっている．コールセンタでは電話を受け付けると発信者番号の情報をもとに顧客情報を管理している**データベース**から顧客の情報が検索され，コンピュータの画面にそれらが出力される．

データベース：
database

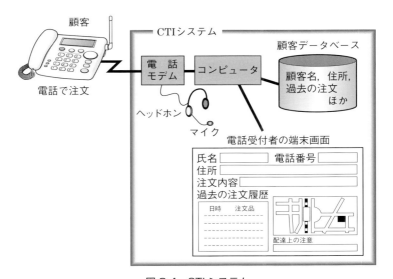

図2.4　CTIシステム

2．ピザの宅配の例

例えば，ピザの宅配の場合，初めての注文を行ったときには，届ける先の氏名や住所を聞かれるが，2回目以降は住所を聞かれることはない．これは先に述べたコールセンタと同様，2回目に電話を受け付けたときには，コンピュータにその電話をかけてきた人の住

所や，過去の注文履歴が表示されるからである．

　さらにコンピュータの画面には，住所以外の過去の注文履歴や猛犬に注意などのメモが表示されるため，過去の注文から顧客の好みを察知し，それに応じて飲み物などの追加注文を受けたり，配達する者に注意すべきことを伝えたりすることができる．

3. コンピュータメーカのお客様相談窓口の例

　コンピュータなどの製造メーカのコールセンタでは，顧客からのクレームや製品に関する問合せを受け付けている．コンピュータのトラブルの原因について電話で問合せがあった場合，顧客はその場で問題解決のヒントを得たとしても，1回の電話で問題解決しない場合もある．

　この場合，顧客は電話を切ってコンピュータの設定変更などを行い，その後再度コールセンタに電話をかけることになる．コールセンタでは複数の技術者が対応しているため，最初に対応した技術者が2回目の電話に対応するとは限らない．このとき，以前に対応した技術者とどのようなやり取りが行われたのかを再度説明するのでは顧客にとっても面倒であるし，コールセンタにとってもむだな人件費となる．

　もし過去にどの電話番号の顧客に対して，どのような対応をしたのかの情報が蓄積されていて，それが共有化されていれば，対応する技術者が異なっても，過去の対応状況についてすぐに察知することができ，過去の経緯を初めから説明を受ける必要はなくなる．

　CTIシステムにより，顧客への対応状況をコンピュータに蓄積し，かかってきた電話番号により顧客を特定し，コンピュータからその顧客情報を引き出すことができるようになる．さらに，各顧客に対してきめの細かいサービスを提供することができる．

2.4　ワントゥワンビジネス

1. ワントゥワンビジネスとは

　企業は製品の製造やサービスの提供を行い，消費者は欲しい商品

やサービスを選択するというビジネスのやり方は過去のものとなり，消費者ひとりひとりの趣向や要望に基づいて欲しい商品やサービスを個別に提供するというビジネスが企業の競争力，差別化要因となっている．

ワントゥワンビジネス：one to one business

このビジネスの方法を**ワントゥワンビジネス**という．

商品の種類が多くなり，消費者は次々と発売される新製品や新サービスに対する知識を得て最適な商品やサービスを選択することが難しくなってきている．販売店のもっている専門知識や最新情報によって，消費者が自分の好みに合った商品の紹介を受けられればたいへん便利である．

販売店ではポイントカードやWebでの販売を通して，商品を販売すると同時に顧客の情報を得ることができるが，過去の販売情報を分析することにより顧客の好みを分析することが可能である．

ワントゥワンビジネスでは，販売店が各顧客の好みを把握し，その好みに合った商品を紹介し，各顧客に対して個別のサービスを行う．各顧客の好みに合った新商品の情報提供や提案などができれば，それは販売している商品やサービスに対して付加価値となる．企業においては，顧客の確保，すなわち顧客の囲い込みができ，安定したビジネスを行うことができるようになる．

2．Webで酒類を販売している店の例

例えば，Webで酒を販売している酒店の場合，顧客はWebを通して注文を行うため過去の注文履歴を保存することができ，それらのデータを分析することにより酒の好みを知ることができる．その顧客の購買履歴から想定して，日本酒が好きな顧客に対しては，好きになってもらえると思われる新商品を電子メールで紹介することで，顧客の購買意欲を高めることができる．また，顧客からは，有益な情報をタイムリーに提供してくれる販売店に対して信頼を高めることにもなり，販売店と顧客との絆を強くすることができる．顧客に対する適切な情報提供は，販売している商品の価値を高め，顧客とのつながりを強め，顧客の囲い込みにつながるのである．

3. ホテルの例

ホテルの場合，過去にそのホテルに宿泊したときの情報が蓄積されており，再度予約を受け付けたときに過去の情報をもとに，顧客の好みに合った部屋の用意や，顧客の好みに合ったサービスを提供することが行われている．

ホテルでは，その顧客が過去にどのようなサービスを要望したのか，顧客の部屋の好みはどうだったのか，そして，氏名，住所，クレジットカード番号などのデータが顧客情報として記録されている．

宿泊の予約を受け付けたときに，クレジットカードの番号を聞くことで，ホテル側は顧客を特定することができ，過去の要望を勘案した個別サービスを提供することができる．

このように顧客に対して個別のサービスを提供することで顧客の満足度を高め，他社に対する競争力を強化し，顧客からの再予約や再注文，再受注を得ることができるのである．

2.5 ビジネスモデル

1. ビジネスモデルの構築

これまで紹介した，POS，CRM，CTI，ワントゥワンは，他社との差別化を行うためのビジネスのやり方である．これを**ビジネスモデル**という．他社より有利なビジネスモデルを構築することは，競争力の維持に重要な役割を果たしている．ビジネスモデルについては，4.1節でも詳しく述べる．

これまでの既成概念を取り壊し，新しいビジネスモデルを構築するためには，現在のビジネスのやり方を原点に立ち返って見直し，むだを見いだすことが必要となっている．むだを排除し，まったく異なるビジネスのやり方を考え出すことが現在の企業には求められている．コンピュータやインターネットの普及は，新しいビジネスモデルを構築することを容易にしている．

このことは，現在の企業では，コンピュータやインターネットを活用して，他社との差別化を行うためのビジネスモデルをいかに構築できるかが生き残りの条件となっているといっても過言ではない．

POSシステムの例でいえば，現在ではコンビニエンスストアのATMで24時間いつでも現金の引出しや入金ができるようになってきている．新しいシステム，新しいビジネスモデルは，ビジネスの枠組みを変え，競合企業を変えることもある．コンビニエンスストアでの現金の入金・出金が多くなれば，銀行のATMの必要性が問われることになる．

2. ビジネスモデル特許（ビジネス方法の特許）

ビジネスモデルを考案しても，それが他社によりすぐにまねをされてしまえば，他社に対する競争力を維持することはできない．このため，ビジネスモデルが特許として認められるケースがある．

しかし一方，ビジネスモデル特許を認めてしまうことは，新しいビジネスの発展を阻害することになるのではないかという危惧もあり，ビジネスモデル特許に対しては賛否がある．

特許を得ることで，他社がそのビジネスモデルをまねることができなくなり，他社に対する競争の優位性を保つことが可能となる．ビジネスモデル特許については，特許庁のWebページ*で詳しい内容を知ることができる．

*http://www.jpo.go.jp/seido/bijinesu/interbiji0406.htm

現在，いくつかのビジネスモデルが特許と認められている．

3. プライスライン特許の例

消費者は，購入を希望する商品についての購入条件を仲介者に伝える．仲介者はあらかじめ登録された販売業者のすべてにその購入条件を伝える．各社は伝えられた条件から見積りを仲介者に提示する．仲介者は各社見積りを対比し，消費者の希望条件に合致する提案を選択し，その内容を消費者に連絡する，という方法をとる．すなわち，消費者が登録した購入条件に合う販売業者を見つけるという**逆オークション**を実施することである．これが現在，米国の特許（通称，プライスライン特許）となっている．

逆オークション：reverse auctions

2.6 ビジネス環境の変化

1. 腕時計製造会社の競合会社

　腕時計を製造しているメーカでは，ほかの腕時計を製造しているメーカよりも市場のシェアを拡大させるため，新しい機能やデザイン，そして価格で競争してきた．ところが，最近では腕時計を付けていない人を多く見かける．携帯電話が普及し，その画面に時刻が表示されているため腕時計をもたない人が増えてきている．

　これまで腕時計メーカでは，顧客を開拓するための新製品を開発し，他社の時計メーカとの競争に勝つべく激しい開発競争が行われてきたが，現在では，腕時計メーカのライバル企業は，他社の時計メーカではなく，携帯電話会社なのである．

　このように，情報技術の活用により，商品の高機能化が行われ，まったく異なる業界の開発した商品が競合商品となる場合がある．情報技術により新しい商品が開発されることにより，これまでの競合のモデルが崩壊し，別の競合が現れている．このことは，多くの企業において，新しい商品の開発や新しい機能の実現のために情報技術が不可欠であることを意味しており，その企業で販売している商品やサービスにどのように情報技術を応用するかが，企業の生き残りを左右するのである．

　また，情報技術の応用を行い，新しい商品が開発される可能性はまだ多く残されており，情報技術を活用した新しいビジネスを起こし，ビジネスで成功する可能性も多くあるといえる．

2. カラオケ店の競合会社

　あるカラオケ店では，近年になって若者の来店人数が減少してきていた．このため，そのカラオケ店では，調査会社にその原因の調査依頼を行った．カラオケ店の経営者は，他店のカラオケ店に顧客が奪われていると思い，他店では顧客獲得のためにどのような方策を立てているのかを知りたかったのである．

　しばらくしてから調査を依頼した会社から，調査報告書が出された．そこには，そのカラオケ店と競合する会社として携帯電話の社

名が記載されていた．調査会社では，どうして若者がカラオケに行かなくなったのかの調査を行った．そのためまず若者がカラオケに行く理由を調査した．若者がカラオケに行く目的は，歌がうまくなることではなく，友人とコミュニケーションをとるためであることがわかった．すなわち，カラオケ店はコミュニケーションをとる場であったのである．

しかし友人どうしがコミュニケーションをとる方法も変わってきた．携帯電話の価格が安くなり，小中学生でももつことができるようになり，SNSや携帯電話でコミュニケーションをとるようになった．このため，わざわざカラオケ店に集まる必要がなくなったのである．

SNS：Social Networking Service

SNSや携帯電話を使うようになり，これまで学生が学校の授業が終わったあとにカラオケに行っていた時間帯は，SNSや携帯電話で離れた場所にいる友人とのコミュニケーションをとる時間帯に替わってしまい，これまでのお小遣いの使い道はカラオケ料から携帯電話の使用料に替わってしまったのである．

SNSや携帯電話を使えば，いつでもどこでも友人と連絡を取ることができる．当初携帯電話が開発されたころは，大きさがカバンほどあったが，ハードウェアの技術，無線技術，情報技術によりポケットに入るほどの大きさとなった．

このように，情報技術により，新しいサービスが生まれ，同じ製品で競合が起こるのではなく，まったく異なる業種の企業どうしが，異なるサービスで競合となることがある．企業が存続するためには，他企業との競争に勝ち残る必要があるが，どのような企業が競合になるのかを知ることは容易なことではない．カラオケ店の経営者も報告書が出されるまで，同業他社が競合会社であると思っていたのも無理はない．

ではどのような対策を講じればよいのか．カラオケ店の場合，そもそも自社の商品が何であるのかを考えれば，友人とのコミュニケーションの場を提供することが商品であることに気づいたかもしれない．そうすれば，自社の強みを生かした新しいサービスを考え出すこともできたであろう．また，自社の強みは何なのか，世の中に存在しうるための，自社独自の強み，アイデンティティが何であっ

たのかを日頃から考えていれば，その強みを生かした新しいサービスを創造し，そのビジネスで成功することができたかもしれない．

情報技術は，企業のビジネスモデルを変えるための強力な武器である．情報技術やネットワーク技術により，時間や空間の壁を超えてビジネスができるようになった．さまざまな業界において異業種からの参入が増えており，競争力を失った企業は統廃合が行われ，ときには業界の再編にもつながる結果になることもある．

3. コンビニエンスストアの例

情報技術やネットワーク技術は単に企業がそれまで行ってきたビジネスの効率化にとどまらず，ビジネスの枠組みさえ変えてしまう可能性を秘めている．

コンビニエンスストアは，どのような業種といえるであろうか．商品を販売する店舗という意味では，雑貨店であり，文具店であり，食料品を売っているスーパーのようでもあり，書店でもあり，お弁当の販売店でもある．また，音楽CDやゲームソフトを購入することもできるCDショップやゲームソフトの販売店でもある．しかしそれだけでなく公共料金の振込みや現金の引出し，預入れまでできる銀行でもあるのである．

宅配便を不在で受け取れない場合に，コンビニエンスストアで受け取ることができるサービスもある．24時間オープンというコンビニエンスストアのアイデンティティを生かした宅配便のビジネスモデルである．

4. 音楽CDショップの例

私たちが音楽CDを購入するとき，以前はCDショップで購入してきたが，Webページや携帯電話で欲しい曲を検索し，その試聴を行ったあとにオンラインで購入することが主流になってきている．CDのアルバムだけでなく曲単位に音楽データをインターネットや携帯電話で購入手続きを行い，ダウンロードする．音楽CDの購入においても近くのコンビニエンスストアで商品の受取りとその代金の支払いができるサービスが行われている．

前述したように，この方法は商品を販売している企業にとって

は，商品の代金を確実に受け取ることができるというメリットがある．インターネットを通じてオンラインで商品の販売を行う場合，商品の発送と同時に代金の振込み票を送付しても，代金が振り込まれないといったトラブルがあるが，それを回避することができる．

また商品を購入した消費者にとっては，郵送でない分，安く商品を手に入れることが可能となる．また，郵送や宅配便の場合，商品を受け取る時間が限られるが，24時間営業のコンビニエンスストアであればいつでも商品を受け取ることが可能となる．

音楽CDを購入する場合，CDショップで購入するならば，開店している間に，そこに行かなければならない．しかし，インターネット上で購入するのであれば，場所や時間の制約を受けることはない．今や，音楽CDを購入するのにCDショップに行くのでなく，インターネット上や携帯電話から購入することが普通になりつつある．

5. MP3の例

すでにCDなどの媒体を通して音楽を購入するという時代から，ネット上で音楽のデータを直接購入するということも行われている．CDに記録されている音楽データはディジタルデータであるが，その音楽のディジタルデータをほしい曲だけインターネットからダウンロードして購入することがすでに行われている．CDのデータは冗長なため，MP3という圧縮されたデータ形式で販売が行われている．

このインターネットから入手（ダウンロード）した音楽データはMP3プレーヤや携帯電話により再生する．MP3プレーヤには，音楽を記録するためのCDやカセットテープやMDといった記憶媒体はない．このため，音楽を購入したといっても音楽を記録されたものがあるわけではなく，ディジタルデータそのものを購入しているのである．ディジタル化された音楽データ（MP3形式）は，メモリ（ICチップ）に記録される．このため，せっかくMP3形式の音楽データを購入しても誤ってMP3プレーヤのデータを消してしまうと購入したものをすべて失ってしまうことになる．

音楽を聴くのに，インターネットから音楽データを購入し，携帯

電話やMP3プレーヤでその音楽を聴くということが一般的なスタイルになってきており，音楽CDを販売しているCDショップや音楽CDを製造している会社ではビジネスが成り立たなくなる可能性がある．

　情報技術やインターネットの普及により，商品の新しい販売形態が可能になり，それにより新しいビジネス形態が生まれている．情報技術やインターネットに関する技術を武器に他業種からの参入も増えてきており，過去のビジネス形態に固執していることは致命傷となることもある．

　このため，経営者には，既存のビジネスで収益を上げていたとしても，それに甘んじず，常に社会の情報化の動向を見極め，新しいビジネスモデルへと果敢にそして慎重に挑戦することが求められている．

　また競合する会社がまったく異なる業種になる場合もある．このため，ほかの業種においても，どのような新しいビジネスモデルが生じているのか幅広く社会の動きを観察しておき，自らのビジネスモデルに適用できるかどうかを常に検証していることが重要である．

6. コンビニエンスストアのATM

　これまで銀行では近くに存在する銀行どうしがサービスを競い合ってきた．消費者は，駅前にあるA銀行とB銀行のどちらかサービスのよいほうを選んできた．しかし，銀行の競合会社がコンビニエンスストアになる可能性もある．コンビニエンスストアで振込みや現金の引出しを行う場合，24時間利用できるだけでなく，窓口で並ぶ必要もなく，ATMの面倒な操作も不要で，買い物のついでに公共料金の振込みを行うことができるというメリットがある．銀行は振込手数料の収入をまったく異なる業種であるコンビニエンスストアに奪われるということが起きているのである．

　小売店ではその日の収益を，従来では毎日営業が終了したあとに銀行の夜間金庫に預入れを行っていた．夜間金庫を使う場合，その手数料を支払わなければならず，また営業終了後にその銀行まで行かなければならなかった．しかし，コンビニエンスストアのATMを用いることで，24時間いつでも近くの店舗で売上金を入金でき

るようになった．

　情報技術やネットワーク技術の進歩と規制緩和により，コンビニエンスストアでも銀行業務の一部を行うことができるようになり，競合会社の関係は大きく変わろうとしている．

▌7．インターネット銀行

　銀行において，**インターネット銀行**という新たな競争相手も現れている．一般の銀行では銀行のATMや窓口は利用者に便利がよいように，一般的に銀行の建物は大通りに面し，人通りが多く，駅の近くなど地代の高いところにある．また，銀行の窓口を運営するには窓口業務の社員の人件費もかかる．これらは銀行業務を行うときの固定費となる．

　ところが，インターネット銀行の場合，そのような店舗もなく，窓口業務を行う社員もいないため，店舗の建物の賃借料や窓口業務の人件費などの固定費分を利益に回すことができ，それを預金者への利息として還元することができる．このためインターネット銀行は一般の銀行よりも高い利息を設定することができ，預金者は高い利息が得られるインターネット銀行に口座を移すことになる．

　インターネット銀行の場合，現金の預入れ，引出し，振込みはWebページ上で行い，**ディジタルキャッシュ***で受け取ったり，あるいはコンビニエンスストアのATMで預金を引き出したり入金することができる．インターネット銀行であっても，その銀行の支店がないだけで普通に預入れや引出しができる．

　これまで銀行では駅前の銀行どうしが競い合ってきたが，現在ではインターネット上の仮想的な銀行と競い合い，それに競り勝たなければ生き残ることはできないのである．

　インターネット上の通貨として，ビットコインなどがある．匿名性が高いため一部覚醒剤の販売などに使われており，社会問題となっている．

*ディジタルキャッシュ：ネットショッピングで現金として扱われるディジタルデータ．インターネット銀行から現金の引出しを行うとそのディジタルデータが得られる．

2.7 情報ビジネス

1. 情報ビジネスの階層構造

情報システムの構築には企画，設計，製造，運用という段階があり，それぞれの段階において専門知識や専門技術を必要としており，それぞれの段階を専門に行うビジネスが存在している．

一方で，直接情報システムの構築に携わる以外のビジネスも存在する．情報システムのベースとなるハードウェアを製造している会社や構築された情報処理システムに対して監査を行う会社や，利用者に最も近い仕事であるコンピュータへのデータ入力を行う会社などがある．これらの情報の処理に関係するビジネスをまとめて本書では情報ビジネスという．

図2.5はこれらの情報システムにかかわるさまざまな情報ビジネスを階層的に表したモデルである．1番目のハードウェアとは，情報システムを構成するコンピュータやネットワークなどのハードウェアを製造するビジネスである．2番目のデータの管理は，大量のデータを安全に効率的に記録保管をするビジネスである．3番目の情報システムの構築は，情報システムの発注者顧客や利用者が行いたいことをハードウェアとソフトウェアを用いてその実現を行うビジネスである．4番目のオペレータとはデータ入力代行業務のことで，情報システムの利用者の業務を支援するビジネスである．

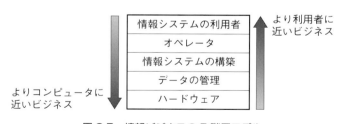

図2.5　情報ビジネスの5階層モデル

2. データセンタ

データセンタ：
data center

大量のデータを管理するビジネスにデータセンタというものがあ

る．コンピュータの記録データを1か所に集中して管理していると，災害などが発生したときにその記録データを失う危険性がある．このための記録データを複数の離れた地域で管理する．コンピュータのデータは，リアルタイムで検索ができるような形で保管を行うが，磁気テープやDVDなどの記録媒体に記録したものを保管することもビジネスとして行われている．

　コンピュータの内部でデータを記録するための装置として，ハードディスクという装置がある．装置内部では，モータにより回転している円盤状の記録媒体に対して磁気によりデータを書き込んだり読み出したりすることが1秒間に約100回行われている．ハードディスクはこの機械的な動作を伴うため，コンピュータのハードウェアを構成する装置の中でも最も故障しやすい装置の一つである．

　ハードディスクが故障したあとに，その故障した装置から記録されていたデータの内容を知ることはできない．このため，故障が発生する前にハードディスクの交換や，故障したときのためにデータのバックアップをとっておくことが必要である．データセンタというビジネスは，企業の重要で大量のデータを自然災害などを含めあらゆる被害を想定して安全で効率的にデータやサーバを管理するビジネスである．

3. 情報システムの構築

*SIerとは，SI (system integration) を行う者/会社

ソフトウェアハウス：software house

　情報システムの構築を行う会社のことを，**SIer***とか**ソフトウェアハウス**などという．情報システムの構築において，システムの企画段階から顧客との調整を行い，ハードウェアとソフトウェアの調達などシステム構築におけるすべての業務を行う企業をSIerという．これに対して，ソフトウェアの構築のみを専門とする企業をソフトウェアハウスという．

　コンサルティングビジネスとは，情報システムの構築において顧客のビジネスやニーズを分析し，どのような情報システムを構築すれば顧客のビジネスが改善できるのかを提案することである．コンサルタントにより作成された基本的な設計に基づいてユーザインタフェースなどそのシステムに対するより詳細な設計が行われ，その設計に基づいてソフトウェアの開発が行われる．

ソフトウェアの開発では，全体のプロジェクトのリソース（人材，品質，資金，納期など）を管理する**プロジェクトマネージャ**，システムの設計を行う**システムエンジニア**，ネットワークの専門知識によりネットワーク構成の設計を行う**ネットワークスペシャリスト**，データベースの専門知識によりデータベース構成の設計を行う**データベーススペシャリスト**がある．ほかには，情報システムのセキュリティを確保するための専門技術を有した，**セキュリティスペシャリスト**などがある．

　情報システムの構築において，短期的に安くシステムを構築するため，そのシステムの基本となる部分を市販のソフトウェアを流用して情報システムを構築することを**パッケージソリューション**という．パッケージソリューションにおいては，汎用的なパッケージソフトウェアを作成する企業があり，そのパッケージソフトウェアを顧客のビジネスに照らし合わせて，カスタマイズを行う企業がある．

　構築された情報システムが24時間確実に使えるようにするため，トラブルを未然に防ぎコンピュータのリソースや動作状態を監視することを情報システムの**運用管理**という．24時間体制で，何かのトラブルが発生したときにすぐに対応することもコンピュータの運用管理に含まれる．情報システムの運用管理にも専門的な技術や知識が必要であり，**ITサービスマネージャ**という．顧客からの信頼を維持するためには情報システムの運用管理を確実に行うことが重要である．

▌4．システム監査

　情報システムが企画当初に設定したシステムの目的や性能，セキュリティなどの条件を満たしているかどうかを監査するビジネスを**システム監査**という．システム監査では，経営者の視点から，情報システムが顧客のビジネスに貢献しているかを，安全性，効率性，信頼性，可用性，機密性，安全性，有用性，戦略性について総合的に調査を行い，問題点についてその問題と対策案について経営者に対して勧告や提言を行う．

5. データ入力代行業務

情報システムへのデータ入力を行う者を**オペレータ**という．アンケート調査などの計測データをコンピュータに入力したり，すでに存在する手書きデータなどを電子データとして記録するために電子データとして作成し直すなどの業務を行う．

オペレータの業務は，一般的に単位時間当たりにどれだけの処理を行ったかにより評価される．このため，オペレータに最も重要な技術は，データ入力を行うために用いる装置に対する操作をいかに早く効率的に行うことができるかである．

手書きのデザインで書かれたものを，タブレット装置などを用いてそのデータをコンピュータに入力する業務もオペレータ業務ということができる．

入試の試験結果データの入力など高い正確性が求められるデータ入力においては，二重入力を行う．これは複数のメンバが同じデータの入力を行うことで，そのデータが一致するかどうかをマッチングさせることによりデータの入力ミスを最小限にすることである．

6. 情報検索サービス

情報の検索を利用者に代わって行うビジネスがある．顧客が何らかの統計情報を欲しているとき，その統計データをインターネットから検索してその調査結果を報告書としてまとめることを**情報検索サービス**といい，それをビジネスとしている企業もある．

企業や政府の情報公開が進み，インターネットによりさまざまな最新情報を得ることができるようになった．しかし一方で情報が多すぎるため，必要な情報を見つけだすためにはある程度の技術力が求められるようになってきている．

インターネットにより公開されている複数のデータから，必要な情報を見い出すには時間がかかる．しかし企業では意思決定のスピード化がより求められるようになり，必要な情報を得るためのスピードも重要となっている．

戦略的なビジネス展開を企画立案するうえで，必要な情報を短期間に調査することが求められており，インターネットを用いて情報検索を行い，その結果を報告書にまとめることを行うビジネスもあ

る.

■7. その他の情報ビジネス

情報システムがネットワークに接続されるようになり,他からの攻撃を受けやすくなった.このため,コンピュータのセキュリティを保つことが重要となってきている.外部からの攻撃によりシステムが障害を起こすことがないように情報システムのセキュリティを監視するビジネスもある.情報システムに対するセキュリティホールを指摘し,その改善を行うことをビジネスにしている企業もある.

また,ウイルスに感染しないよう,ウイルスを発見し,駆除するための**アンチウイルスソフトウェア**を販売しているビジネスもある.

演習問題

問1 ポイントカードのシステムにより,どのような経営課題を解決することができるか.一つのビジネスを想定し,そのビジネスにおいて抱えている経営課題に対してポイントカードを導入することにより,どのような解決が図られるかを述べよ.

問2 本書の中で紹介している企業例以外で異なる業種の間で起きている競合の事例を調査せよ.そのビジネスに対して後から参入してきた競合企業は,すでに存在している企業に対し何を強みとしているのか,その強みを実現するためにどのような情報技術が使われているかを調査せよ.

第3章

企業における情報活用

　企業経営において情報や知識の経営資源を効果的に用いることが，企業が生き残るために不可欠となっている．製造業からサービス業までさまざまな業種においてコンピュータが活用され，業務の効率化や，顧客に対してより高いサービスの提供や，戦略的ビジネスへの展開などが行われている．

　情報社会とビジネスとのかかわりを理解するためには，企業においてどのような業務にコンピュータが使われているのかを理解することが必要である．

　この章では企業においてさまざまな場面でコンピュータが使われていることを学び，それぞれの業務において，どのような目的で企業がコンピュータを導入しているのか，情報システムを導入する目的やその効果を学習する．

■3.1　製造業における情報システム

■1．工場でのコンピュータの活用

　生産工場では製品を製造する機械や工業用ロボットの制御にコンピュータが使われている．コンピュータにあらかじめ入力されたデータをもとに機械が制御され，高精度で均一な品質の製品をつくる

ことが可能となった．またコンピュータに入力された数値データを変更することにより，生産される商品の形状を簡単に変更することができるというメリットがある．

工場では，このほかに，製品の生産計画の策定や，品質管理，部品の発注処理などにもコンピュータが使われている．また，製品の製造現場だけでなく，製品の企画や設計にもコンピュータが使われている．

■2. CADシステム

コンピュータは製品の設計で使われている．コンピュータを用いて製品の設計を行うことで，より高精度な設計を行うことが可能となった．製品を設計するのに使われているコンピュータシステムを**CADシステム**という．

> CAD：Computer Aided Design

高密度に部品を配置して小型化するためや，部品の数を少なくしたり，機能的なデザインを決定したり，構造上の問題や強度を検証するためなどにCADが使われている．

CADにより，コンピュータの画面上の仮想的な3次元空間で，部品の配置や形状を設計することができるようになった．一つの部品の形状を変更した場合，ほかの部品にもその影響が及ぶが，CADでは一つの部品の形状を変更することにより，ほかの部品にどのような影響があるかをコンピュータの計算により求めることができる．また，影響を受ける部品の形状を自動的に訂正を行うようなことも可能である．

> コンピュータグラフィックス：Computer GraphicsまたはCG

CADは高性能の**コンピュータグラフィックス**の機能のあるコンピュータと，それぞれ設計する対象によって異なるCAD用ソフトウェアで構成されている．

部品の設計を行う場合，その部品の質量や強度をCADにより計算で求めることができる．このため，設計段階で，その製品の全体の重さや強度を求めることができる．持ち運びを行うノート型のコンピュータの設計などでは，CPUやハードディスクを高密度に取り付け，重さを軽く，厚さも薄くすることが求められている．しかしコンピュータに搭載されるCPUなどのLSIは熱に弱いため，高密度に配置するだけでなく，CPUなどから発生する熱をどのよう

に冷却するか，ということも重要な設計要素である．CADでは，冷却ファンの大きさや取付け位置を設計し，またそのファンによって生じる空気の流れをコンピュータ上でチェックすることができる．コンピュータの大きさを小さくするためにはより小さな冷却ファンにする必要があるが，小さな冷却ファンで効果的に冷却するために，どのように部品を配置したらよいかの設計にコンピュータが用いられている．コンピュータに使われているLSIの回路の設計にもCADが使われている．

CADシステムは，携帯電話やパソコンに高密度に部品を配置するための設計だけでなく，電気製品の設計，自動車や船などの設計，つり橋や高層ビルなどの大型建築物の設計などに使われている．

自動車の強度の設計などにCADが使われており，設計段階からどの衝撃に対してどのような構造上の変形が行われ，搭乗者の安全が確保されるのかを確認することができるため，製品が作成されたあとに強度上の問題が見つかり，設計変更を行うということを最小限にすることが可能となった．このことにより製品の開発期間を短縮することが可能となり，時間と費用のむだを省くことができるようになった．

3. CAM

工場ではCADで設計されたデータに基づいて工作機械を動かし，製品を作成する．このとき，CADで設計された製品の設計データをそのまま工作機械に転送することにより，工作機械の制御データの変更箇所が変更され，その変更された仕様に基づいて機械が自動的に製造を行うことが実施されている．コンピュータにより製品の仕様が管理され，仕様変更が行われると，その設計データの変更により，工作機械の制御データを変更させるシステムを**CAM**という．CADとCAMを連動させたシステムをCADAMともいう（図3.1参照）．

CAM：Computer Aided Manufacturing

数値データに基づいてコンピュータにより工作機械を自動的に制御する方式を**NC**といい，そのような工作機械を**NC工作機械**という．

NC：Numerical Control

CADとCAMにより，コンピュータで設計された設計図に基づ

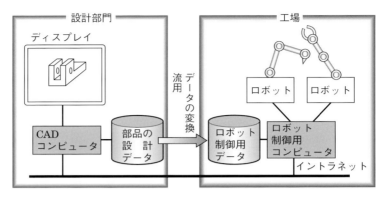

図 3.1　CADAM

いて製造の機械が動作するため，工場のラインの変更を容易にできるようになった．また，機械の動作を決定するデータの入力ミスも少なくなり，品質も向上させることができるようになった．

　NC 工作機械には，切削を行う旋盤や金型を作成するためのフライス機械，溶接や部品の搬送などを行うロボットなどがあり，それらにコンピュータが組み込まれている．

　コンピュータの利用により，高速に正確に仕事を行うことが可能になり，人間によるミスを少なくすることができるようになった．また，コンピュータやロボットの利用により従業員は単純な作業や，危険を伴う作業から開放され，事故を少なくさせることが可能になった．

　しかし一方で，これまで人間の手で行っていた作業をロボットが行うことができるようになったことで，従業員は職を失ったり，別の業務に配置転換が行われたりするということも生じている．

4．3D プリンタ

　3 次元の形状をコンピュータ上で設計できるソフトウェアを 3DCAD ソフトという．3DCAD で設計されたものの実物を 3D プリンタにより作成することができる．3D プリンタには，プラスチック樹脂を熱で溶かし，積層する方式のものや樹脂をインクジェットのインクとして積層し，硬化させる方式などがある．製品の製作

に使うというよりも，試作品の製作や治具の製作などに使われている．

5. 生産管理システム

　コンピュータは，製品の設計だけでなく，生産計画などを決めることにも使われている．製造現場での生産管理システムや生産計画を立てるシステムなどにコンピュータが使われている．同じ生産機械を用いて複数の製品を製造する場合，製品の仕様に合わせた機械の設定を行うのにある程度の時間を要し，その間，機械を止めることになる．この時間を短縮したり，回数を少なくしたりすることで，生産性を高めることができる．このため，1回設定した状態で同じ製品を数多く生産することが製造コストを低くすることになる．ただし，1回の生産数を多くすると在庫を多く抱えることになる．また在庫が少ないと品不足により再度その製品を製造する生産ラインを設定することになる．このため，適切な生産量を決め，適切な生産計画に基づいて，効率的に生産を行うことが必要となり，その生産計画を立案するのにコンピュータが使われている．

　自動車の生産ラインの組立てでは，多品種の部品を必要とし，そのうち一つの部品が欠けても生産ラインを止めざるを得ない．このため，部品在庫の品切れが発生しないように，計画的な部品の調達などの管理が必要となる．多品種の部品を扱う場合，人間がそれらを管理すると漏れや抜けが生じてしまうが，コンピュータを用いることにより，より確実な管理ができるようになる．

　製鉄所では，さまざまな用途に応じてさまざまな種類の鉄を製造している．鉄の硬さは，鉄に含まれる炭素の量により決まる．溶鉱炉で溶かされたばかりの鉄は多くの炭素を含むが，それに酸素を加えることで鉄の中に含まれる炭素を減らすことができ，炭素の含有量を調整している．製造された製品に対する需要が少なかったら多くの在庫を抱えてしまう．このためどのような鉄をどのような計画で製造するかを適切に決めることが求められる．この生産計画の策定にもコンピュータが使われている．

▎6. シミュレーション

ビルや橋などの大規模な構造物の設計では,コンピュータによる設計は不可欠である.コンピュータによる**シミュレーション**により,地震や強風などによって,その構造物が倒壊しないような設計を行うことができる.高層ビルによっては,最上階に重りを設置し,強風でビルに揺れが発生した場合に,その重りを動かすことで,ビルの揺れと相殺させて揺れを軽減させるというものもあるが,この設計にもコンピュータが使われている.ビルの揺れをどのようにとったらよいのか,重りを設置する場合にどの程度の重りが必要なのか,その重りを揺れに対してどのように動かせば揺れを相殺させることができるのか,シミュレーションにより検証が行われている.

また,ビルの設計においては,周辺に対する環境の変化を事前に予測することも重要である.ビルの建築によって,周辺地域の日照時間が少なくなり,日照権の問題が発生する場合がある.ビルによって生じる太陽の影がどのように形成されるのかを設計段階で,コンピュータによるシミュレーションにより求めることが可能である.どの地域ではどの程度のビルによる影響が発生するかを建設前に確認することができ,ビル建設により周辺地域にどれだけの影響が発生するかを事前に知ることができる.また,ビルができることにより生じるビル風の影響も,シミュレーションにより求めることができる.

家の建築においてもコンピュータが家の設計に使われている.家を建設する地域により気候は大きく異なる.降雪量の多い地域では,降雪に耐える強度を保つための設計を行う必要がある.

家の設計にコンピュータが使われる理由は,建築設計者のためだけではなく,建築を依頼した者のためでもある.建築を依頼した者は,平面図だけで家のイメージを的確につかむのは難しい.建築会社は,顧客に対して家の中の部屋や家具のレイアウトを立体的に見せることができるCADソフトウェアを用いれば,顧客に対して的確にその家のイメージを伝えることが可能となる.CADで作成された図面を立体的に表示し,テレビゲームのような感覚で,コンピュータ上に写し出された立体的な映像の中を移動(ウォークスル

シミュレーション:simulation

一）することにより，完成する家のイメージを明確にもつことができる．

部屋の中のイメージについて，コンピュータ上の太陽の位置を変更することにより，朝，昼，夜の照明をつけたときのそれぞれの映像を確認することもできる．壁紙のデザインや照明の位置，その種類を簡単に変更することもできる．家を販売する側はコンピュータを用いて家の中を歩くような感覚の立体的な映像によるプレゼンテーションを行うことにより，顧客に対してよりリアルなイメージを持たせることができるのである．

家を建てる前にコンピュータを使って設計することで，建築が行われる前にコンピュータの画面上の仮想的な空間で間取りやデザインを確認することができ，建築を依頼した者にとっては，より理想的なイメージに設計を近づけることができる．このことにより後悔や不満を最小限に抑えることができる．これは建物建築の販売における商品の一つと捉えることもできる．建築会社ではこのサービスを行うことで他社との差別化を図ることができ，さらに建築依頼主から建築途中での仕様変更による手戻りを削減することができるというメリットがある（図3.2参照）．

図3.2　住宅設計シミュレーションの例

7. スケジュール管理

　建物の構造設計にコンピュータが使われているということを先に述べたが，実際に建物を建てるときには，例えば，柱をつくったあとに壁をつくり，そのあとに窓を取り付けるといった作業の手順がある．ビルは下からつくられるため，大きなビルになると下の階では内装がすでに済んでいても，上の階では，まだ壁さえできていないという状態で各作業が並行して進行する．

　このため，各作業をどのようなスケジュールで実施するか，またビル全体の建築スケジュールを遅らせないためには，どの作業を遅らせてはならないかといった管理が不可欠である．大規模なプロジェクトになるほどこのスケジュール管理が重要になる．このスケジュールの管理に **PERT** が用いられている．

PERT：Program, Evaluation and Review Technique

　PERTでは各作業ができる条件を定め，各作業にかかる日数を設定することで，建築のスケジュールを求めることができる．作業の種類が多い場合には，とても人間の手では計算ができないため，PERTのプログラムを用いてコンピュータで計算が行われる．PERTにより，全作業が終了するためにはどれだけの期間が必要なのか，各作業にはどれだけの余裕があるのかを知ることができる．また，スケジュール全体の遅れを出さないためには，余裕のない作業を着実に進める必要がある．この余裕のない作業を建築の開始から完了までにおいて求めたものを**クリティカルパス**という．プロジェクト管理において，このクリティカルパスに遅れが生じると納期全体に遅れが生じてしまう．

クリティカルパス：critical path

　PERTでは，何かしらのトラブルで作業が遅れる場合，工期全体にどのような影響をもたらすのか，最小限の費用で工期の短縮を行うにはどうしたらよいかなどを求めることもできる．

3.2　商品サポート業務でのコンピュータの活用

1. コールセンタ業務の効率化

　テレビを購入すると，大きなマニュアルが付属している．さまざまな商品について機能がより高度化し，使い方がますます複雑化し

3.2 商品サポート業務でのコンピュータの活用

ている．このため，テレビのように，商品を購入すると厚いマニュアルが付属してくる電化製品も多い．

近ごろでは，使い方がわからないときに気軽に聞けるというのは商品を販売するうえでの重要なサービスとなっている．消費者は製品を購入した後に何らかのトラブルが生じた場合，電話でメーカに問合せを行うことでそのトラブルに対する解決の仕方を教えてもらうことができる．商品が高機能化すると，購入した商品の使い方がよくわからなくて悩む消費者も多くなり，その使い方に対する相談も増えることになる．そのような相談は一般的に電話で行われることが多い．

商品の価値は，単にその商品そのものの機能により特定されるのではなく，その商品を使えるようになるためのサポートがどれだけ充実しているかということもその商品の価値を決める尺度の一つである．商品のサポートが充実していれば，その商品の価値を高めることになる．消費者も単に商品そのものの機能だけで商品を選択するのではなく，その商品に対するサポートがどれだけ充実しているかどうかが商品を選択するときの決定要因ともなっている．

商品を購入したあとにその商品が故障した場合や，その商品の使い方に対して疑問が生じた場合，製造メーカに電話やFAXで問合せを行う．このとき消費者からの苦情や相談を受け付けたり，商品の注文を受け付けたりする窓口を**コールセンタ**という．

コールセンタ：
call center

問合せが多く，対応するオペレータの人数が少ないとコールセンタに電話をかけてもなかなかオペレータとつながらないということが生じる．電話をかけているほうにとっては，なかなか問題解決が行われずイライラすることになる．コールセンタに電話がつながらなければ，消費者はそのメーカの商品を次も買おうという意欲が生じない．

また，コールセンタでは複数のオペレータが応対するため，2度目に電話をかけたとしても同じオペレータにつながるとは限らない．どの顧客に対してはどのような対応をしたのかをコンピュータで管理を行うための**CTI**システムがある（2.3節参照）．

CTI : Computer Telephony Integration

コールセンタ業務の効率を上げるために，消費者の問題解決をWebページの情報からできるようにすることがある．電話で問合

せをしなくても，Webページを参照することで問題解決できるなら電話がつながるまで待つ必要がなくなる．

電話からの問合せ内容の主なものについて，メーカはWebページでその問合せ内容とその回答（Q&Aとかよくある質問，FAQなどという）を公開しておけば，コールセンタのオペレータの人数を少なくすることができ，人件費を削減することができる．またオペレータの人数を少なくすることができれば，電話代の削減，コールセンタの設備や規模の縮小ができ，またコールセンタで電話応対を行うオペレータの教育費も削減することができる．

また，消費者にとっては，コールセンタに電話がなかなかつながらず待たされるということがなくなり，コールセンタの受付け時間が24時間でない場合でも，Webページについては24時間いつでも参照することができるため，すぐに問題解決ができるというメリットがある．

例えば，パソコンを購入するときのメーカを評価する一つの尺度に，サポートの善し悪しがある．パソコンを操作していてトラブルが生じた場合に製造メーカの**サポートセンタ**に電話で問合せをしても，電話が話し中でなかなかつながらないというメーカもある．

サポートセンタで消費者からの問合せに電話で応対するオペレータを増やせば，電話はつながりやすくなるが，メーカにとって人件費の増加となる．このため，Webページで消費者からよくある質問とその回答（Q&A）を公開しているメーカがある．消費者はWebページを参照することで，電話につながらなくても，電話サポートの時間外であっても，そのメーカのWebページからトラブルに対処する方法を見いだすことができる．消費者にとって，電話での話し中に待たされることがなくなり，早く問題解決が図れる．メーカにとってもサポートの要員を削減することができ，経費を節減することができる．

2. 最新ドライバをインターネットからダウンロード

パソコンの周辺装置を購入した場合，その装置をパソコンに接続するためには，パソコン側にその装置を動作させるための専用のソフトウェアをインストールする必要がある．この装置を動作させる

3.2 商品サポート業務でのコンピュータの活用

ために必要な専用のソフトウェアを**ドライバ**という．

ドライバ：driver

周辺装置を購入した場合，ドライバはCD-ROMに記録されたものが同梱されている．周辺装置を使う前に，そのドライバのインストールをする．ところでドライバはパソコンのオペレーティングシステム（**OS**）に依存していることが多い．このため，オペレーティングシステムを最新のものに変更した場合，周辺装置を動かすためのドライバも新しいオペレーティングシステム用のものに変更することが必要になる場合がある．

OS：Operating System

オペレーティングシステムを変更するたびに新しいドライバを利用者に対してたとえ有償であっても送付することはメーカにとってたいへん手間がかかる．このため，周辺装置のメーカでは，Webページで，最新のドライバを利用者が無料で**ダウンロード**できるサービスを行っている．最新のドライバを無料でダウンロードできるようにすることにより，各利用者個別に最新のドライバを郵送で発送する手間が省け，人件費を節約することができる．利用者側にとっても安価な方法で最新のドライバを早く入手することができ，また，いつでもダウンロードができるため，郵送で受け取るより便利である．

ダウンロード：download

その他，ドライバにも不具合が見つかることがある．この場合も，不具合を訂正した最新版のドライバをWebから無料でダウンロードできるサービスを行っている．

ドライバに致命的な欠陥がある場合には，ユーザ登録を行った利用者に，訂正版のドライバが送付されるが，そうでない場合には，利用者がWebページから自主的にドライバをダウンロードし，ドライバの更新を行うという方法が慣例となっている．

このように，メーカは更新されたドライバをWebページからダウンロードできるようにすることで，商品に対するサポート業務の効率を上げることができるのである．

3.3 ビジネスを拡大させるための情報公開

1. 技術情報の公開

　企業の内部情報を外部に漏らすことは守秘義務に反する．企業内の知識や情報，技術などは重要な経営資源である．これらの情報が外部に漏れてしまうと，他企業に対する競争力の低下を招くことになる．このため，企業では，技術情報の漏えいを行った社員に対して厳しい処罰を科す場合がある．

　しかし一方で，企業内部の技術情報を積極的に公開する動きも出てきている．現在では，技術が高度化し，製造メーカでは製品に関するすべての技術を自前でもつことはほとんど不可能になりつつある．他社の優れた部品を組み合わせて自社ブランドの製品として販売することも一般的に行われている．他社の優れた技術により製造された部品を用いることで，高品質の部品を安いコストで調達することができるのである．

　現在では安いコストで高品質・高機能の部品を調達できる優秀な部品メーカと手を組むことは，同業他社に対して優位に立つために不可欠である．自社の弱みを補強するために企業どうしが提携することを**アライアンス**といい，優秀な部品メーカとアライアンスを組むことが製造メーカにとって重要であり，また部品を提供する部品メーカにとっても優秀な部品を大量に製造メーカが仕入れてくれることがその部品メーカの生き残りに必要なのである．

アライアンス：alliance

　製造メーカが優秀な部品メーカとアライアンスを組むため，そのパートナーとなりうる企業を探すのに，インターネットが用いられている．インターネットで求める技術や製品を検索することで，パートナーを組む候補の会社を見つけることができる．

　このため，部品メーカでは，自社の製品の優位性をアピールするためにインターネットを通じて他社からの検索で自社の技術が見つかるように，自社の技術をインターネット上に積極的に公開することが行われている．

　中小の部品メーカにおいては自社だけでホームページの作成や更新をするのは難しいという企業もある．この場合，複数の企業が集

3.3 ビジネスを拡大させるための情報公開

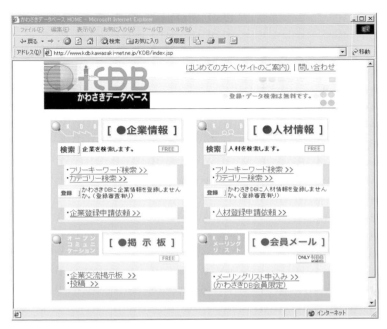

図 3.3 企業情報の検索サイトの例*

まり，インターネット上の仮想的な工業団地を形成し，各社の得意とする技術や特許を公開し，容易に検索できるサービスを提供することも行われている．

川崎市産業振興財団では，企業情報の検索ができるサービスを行っている（図 3.3 参照）*．

*かわさきデータベース（公益財団法人川崎市産業振興財団, http://www.kdb.kawasaki-net.ne.jp/KDB/index.jsp)

■2．商品の価値を高めるための製品情報の公開

Web ページで自社の製品の詳細な情報を公開している企業もある．消費者は製品の詳しい情報を知りたい場合，これまでその企業に個別に電話で問合せを行ってきた．しかし，企業において電話での問合せに応じるのは人件費の増大を招き，消費者に対しても早く回答を行うことができず消費者の不満が増大する結果ともなる．この問題を解決するため，詳細な商品に関する情報や，よくある質問に対する回答などを Web ページで公開している．

商品に対する詳細な情報を Web ページで公開することにより，

消費者はいつでも必要なときに情報を得ることができる．また，電話での応対では，質問に対する回答がどうしても音声になってしまうが，Webページの場合には，文字のほか，画像や映像を表示することが可能なため，より鮮明に製品に対する情報を消費者に伝えることが可能となる．

　消費者にとっては，その商品を購入することによりどのようなことが可能となるのか，購入前により明確なイメージをもつことができ，購買意欲を高めることにもなる．消費者がその商品に関する情報を豊富に得ることは，その商品の価値を高めるということになるのである．

　商品に関する情報が豊富にあれば，利用時のトラブルを未然に防いだり，より高度な使い方をすることが可能となる．たとえよい製品であっても，その情報が消費者に伝わらなければその商品は売れない．このため，消費者に製品に関する情報を豊富に提供することはますます重要となってきている．

　例えば，パソコンの場合，パソコンにはオプションでさまざまな周辺機器を取り付けることができるが，消費者にとってわかりにくいのは，どの装置でも大丈夫なのか，もし装置が限定されるのであればどの装置を購入したらよいのかということである．メモリを増設する場合，各社でメモリが販売されていて，いろいろな種類のものが売られている．パソコンの軽量化や小型化のため，ノートパソコンによっては専用のメモリを増設する必要があるものもある．どの商品を購入すればよいのかわかりにくくなっている．

　増設したい装置をそのパソコンに接続できるのかどうか，また接続した場合に必要な手続きは何かなどの情報を豊富に受けられるとしたら，その商品を安心して購入することができる．すなわち，商品に関する情報が豊富なほど，商品への安心度や商品の価値を高めることになるのである．

　商品のユーザどうしがその商品に関する情報交換を行う場を，製造メーカがWebページにおいて**電子掲示板**として無料で設置している場合もある．ユーザは，その掲示板を通じて，購入した商品に対して，購入後も豊富な情報を得ることができる．商品の使い方についてわからない点があれば，その掲示板で質問を行えば，その回

答を得ることができる．

このようなサービスは，ユーザに対するサポート業務の低減化にもなり，ユーザはその Web ページからさまざまな情報やアイディアを得ることができ，商品の価値を高めることになっている．

また，その掲示板を運営する製造メーカにとっては，掲示板に書かれる内容により，消費者がどのような関心や問題を抱えているのかを知ることができ，その情報を次期の製品企画に生かすこともできるというメリットがある．

▍3．消費者の購買意欲を刺激する情報公開

製品に直接的には関係ない情報を公開している企業も多くある．このような企業の場合，販売している商品に対する知識や情報を豊富にもっていることを PR したり，消費者のその商品に対する購買意欲を高めたりするという効果がある．

例えば，パソコンを販売しているメーカの場合，コンピュータそのものの商品を PR するだけでなく，コンピュータのしくみや，コンピュータを使うとどのようなことができるかを PR することで，コンピュータに対する購買意欲を高めることになる．

製造メーカによっては工場見学ができるところもある．食品をつくっている工場を見学することで，私たちはその工場の衛生管理などがしっかり行われていることを知ることができるが，この工場見学を Web ページで行うことができるものもある．Web ページでその製品がどのような過程で製造されるのかを知ることで，その商品に対する信頼や親しみやすさを高めることができる．

例えば，日産自動車では，各車種の詳細な情報だけでなく，昔の自動車の写真が見られる博物館，カスタマイズ推奨パーツの紹介，ペーパークラフトライブラリ，壁紙ライブラリ，モーターショーなどの展示会の案内，安全への取組み，環境への取組み，デザインと技術，工場見学，車名の由来などが Web ページで見られるようになっている（図 3.4 参照）*．

企業内の技術情報を広く公開することは，消費者の信頼を高めるという効果がある．しかし，一方において，技術情報公開は企業内のノウハウを他社に流出する結果にもなり，場合によっては他社と

図 3.4　自動車メーカの Web サイトの例*

＊日産自動車
(http://www.
nissan.co.jp/
SITEGUIDE/)

の競争力の低下を招くという危険性もある．

4. 消費者にいかに商品の情報を伝えるか

　情報の量により商品の価値を高めるというのは，実はものに関することだけでなく，あらゆるビジネスに当てはまることである．このことはものだけでなく，サービスについても当てはまる．情報社会になり，ものやサービスなどの価値を定める基準が，ものそのものの価値から，そのものを構成するための技術や，そのものに関する情報の多さに移りつつある．

　したがって，ものを販売しているメーカでは，ものだけでなく，そのものに関する情報や知識をも販売しているという意識の転換が必要になってきている．

　例えば，FAX 付きの電話機には，さまざまな機能があるが，その機能を使いこなせない人も多くいる．これは製品が他社との差別

化を行うため高機能化している一方で，その高機能を使いこなせないという事態も生じているということである．製品を購入したときに添付される，利用者マニュアルを見ても，専門用語が多く初心者にはわかりにくい横文字が多数使われている．操作が複雑で機能を使いこなしていない利用者も多くいる．

利用者マニュアルの記述が不適切なため，本来備わっている機能を使いこなせないということは，その電話機に備わっている機能の使い方や設定の仕方の情報を利用者にうまく伝えることができていないことであり，せっかくの高機能を生かすことができていないことはその商品の価値を低くしていることにもなる．

すなわち，利用者にわかりやすいマニュアルは，商品の付属品ではなく，商品の一部であると考えることができる．利用者マニュアルにすべてのことを記述しようとすると膨大な量になる．厚いマニュアルを受け取った消費者はそれを手にしたときに読む気もしなくなるものである．このため，マニュアルでは記述できなかったことやトラブルに関する最新情報などは，Webページで公開を行っている企業も多い．マニュアルには必要最低限のことが書いてあり，そこに書いていないことについてはそのメーカのWebページで検索をして，知ることができれば消費者は安心してその商品を使うことができる．

企業において情報の公開は，その企業やその企業が出荷している製品，サービスの価値を高めるという効果があるのである．

3.4　サービス業におけるコンピュータの活用

1．宅配業者の情報活用

宅配便を発送したとき，その宅配便が確実に届いたのかどうかを確認したい場合がある．過去においては，宅配便が届いたかどうかを確認するためには，宅配業者の配達先近くにある営業所や集配所の電話番号を調べ，そこに電話をかけて確認を行っていた．この場合，営業所の電話番号を調べなければならなかったり，営業所への電話がつながらなかったりという問題があった．

第 3 章　企業における情報活用

図 3.5　宅配会社の配達確認を行う Web サイト*

＊ヤマト運輸
(toi.
kuronekoyamato.
co.jp/cgi-bin/
tneko)

　現在では，宅配業者の Web ページで，宅配便に貼られる荷札に記載されている固有の識別番号を入力することで，その荷物が現在どこまで届けられたかの途中経過や配達が完了したかどうかを知ることができる（図 3.5 参照）．

　Web ページで確認をとることができるようになり，問合せ件数を減らし，業務の効率化ができるようになった．消費者にとっても，わざわざ電話をしなくてもどこまで配送が行われたのかを確認することができ便利になった．宅配業者に対する安心感や信頼を高めることにもなり，このサービスを行うことで，他社との差別化を図ることもできた．

GPS：Global
Positioning
System

CTI：Computer
Telephony
Integration

＊GPS 連動の
CTI 自動車システム導入によるサービスの質と顧客満足の向上（富士通テン，http://
fujitsu-ten.co.jp/
c-sytem/type_a/
jido.html）

2.　タクシー会社の情報活用

　以前ではタクシーに乗車していると，タクシー無線に配車センタからの配車の依頼の音声が流れるのをよく聞いたが，最近ではそのような音声を聞くことは少なくなった．現在，タクシーの配車には，**GPS** と **CTI** を組み合わせた高度な情報システム＊が導入され

ているからである．

　タクシーの配車を頼む場合，タクシーの配車センタに電話をかける．配車センタでは配車の依頼を受け付けるが，そのときにCTIシステムにより電話をかけてきた人の住所をすぐ特定することができる．配車依頼の電話がかかってくると，コンピュータがCTIシステムの顧客データベースから電話番号をキーとして検索を行い，住所，氏名，道順などの顧客情報が配車センタのオペレータの端末に表示される．

　同時に配車センタのコンピュータは配車の依頼があった住所に最も近い位置にいる空車のタクシーを検索し，配車センタのオペレータはそのタクシーに対して，現場に向かうように指示を行うのである．

　タクシーには，GPSと無線が搭載されており，タクシーは現在位置の情報と空車かどうかの情報が自動的に配車センタに無線で送信されるようになっている．このため，配車センタでは，配車の依頼を受け付けたときに，そこから最も近い空車のタクシーを割り出すことができる．

　配車センタのオペレータから連絡を受けたタクシーには，文字と音声により配車の指示が伝えられる．カーナビゲーションの画面に，配車を依頼してきた人の住所とそこへのルートが表示されるため，運転手はそのカーナビゲーションに表示されたルートを走ることで目的地にスムーズにたどり着くことができる．

　配車の指示は特定のタクシーだけに行われるため，運転手は無線の音声に聞き耳をたてながら運転をするという必要がなくなった．また，配車を無線で行う場合，無線の音声が聞き取りにくいという問題もあったが，それも解決された．

　この配車システムを導入することで，タクシー会社では，配車業務の効率化と迅速な配車を行うことが可能となった．

　この配車システムは，各タクシーがどのような状態（空車かお客を乗せているかお客を迎えにいくところか）で，どこを走っているのかを確認することができる．各タクシーが走っているかどうかの確認もでき，各運転手の勤務状況を的確に把握することもできるというメリットもある．また，従来では，配車業務は長年の経験がな

いと難しかったが，配車システムの導入で誰にでもできるようになった．コンピュータの簡単な操作で配車の車を特定できるため，経験が問われず，アルバイトに代えることもでき，人件費の削減も可能となった．さらに，配車に関しては最寄りの車両をコンピュータが自動的に検索するため，乗務員の不公平感をなくすというメリットもある（図 3.6 参照）．

またタクシーの配車を依頼する者に対しても，より早く配車を受けられるようになりサービスの向上となった．配車センタでは，登録してある顧客から配車の依頼の電話を受けたとき，画面を見ながら「○○様ですね．ご自宅でよろしいですか」と応対することができるようになり，顧客は優越感を感じ，住所を伝える手間が省けるというメリットがある．

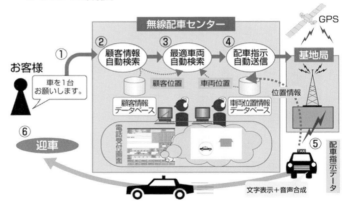

図 3.6　タクシー会社の配車システム

3. 自動販売機の販売管理業務

飲料やたばこなどを販売している自動販売機で，より高い収益を上げるためには，限られたスペースのなかで売れる商品を効果的に配置することが求められる．**POS** システムでは，商品の販売データをもとにして商品の棚割を決めているのと同じように，商品の販売データをもとにどのような商品を配置したらよいかの決定にコン

ピュータが使われている．自動販売機の設置場所により，売れる商品にも偏りがある．この販売データを分析することで，どのような設置場所には，どのような商品を販売したら最も多く利益を上げることができるかをあらかじめ予想することができる．

　自動販売機には，無線装置が内蔵されているものがある．この場合商品の在庫情報を定期的に配送センタに送信しているのである．どの商品がどれだけ売れたのかを配送センタであらかじめ知ることができれば，商品の補充を必要とする自動販売機はどれなのかを特定することができ，自動販売機に商品を補充するための配送車には，どの商品をどれだけ積載すればよいのかを指示することができ，効率的な補充を行うことができる．

　自動販売機の商品の補充が間に合わなければ，販売の機会損失が発生し，売上げを落とすことになる．しかし，自動販売機内の在庫量が少なくなったことを配送センタで確認することができれば，売切れの表示が出る前に，最適なタイミングで商品の補充を行うことができるのである．

　また，自動販売機のIT化が行われてきている．すでに自動販売機の商品を携帯電話で購入できるものがある＊．インターネットに接続が可能な携帯電話を利用し，自動販売機による商品購入時の代金を決済する**モバイルマネーシステム（MMS）**がすでに実用化されている．携帯電話からMMS専用のWebページにアクセスし，ユーザID，利用しようとする自動販売機の専用IDなどを入力するだけで，商品を購入できる．携帯電話を財布代わりに使える手軽な小額支払い手段として使うことができる．

＊8.2.1 参照．

MMS：Mobile Money System

4. 不動産業での情報活用

　不動産業では，なるべく多くの物件を紹介できることが売上げを伸ばすことにつながる．扱う物件が少なければ，顧客に対して適切な物件を紹介することはできない．このため，不動産の物件情報を提供するネットワークの加盟店になることが必要となってきている．加盟店になることにより，取り扱う物件を多くすることができ，顧客に対して複数の物件を紹介することができるようになる．

　物件を販売したい売主にとっても，なるべく高額での買取りがつ

くためには，多くの不動産業で物件の紹介が行われることを望む．このため，多くの不動産業が加盟している不動産の物件情報を提供する会社に対して仲介の依頼を行うことになる．

このため，不動産の物件情報は，より情報の多いところに集中することになる．

情報の特質として，情報は情報の多いところに集まるという特質がある．情報を得たい人は情報の多いところに対して検索を行う．情報を売りたい者は，情報を得たい人の多いところに情報を提供する．このため，情報が集まるところにはますます情報が集まることになる．

すなわち，物件情報は，物件情報の多いところに集まるという傾向がある．このため，不動産業が単独で販売物件の仲介を集めることはますます難しくなり，不動産業を経営するためには，物件情報を提供するネットワークに加盟し，月額の情報提供料を支払う契約をしなければ営業ができないということになる．

5. 檀家の管理のためのコンピュータ活用

コンピュータは宗教法人や葬祭業では早くから導入が行われている．寺院では檀家の管理にコンピュータが使われている．檀家管理システムは，寺院における顧客管理システムといえる．

寺院や葬祭業者では故人が亡くなったときに行った葬儀のデータをコンピュータに入力し蓄積している．亡くなった日，葬儀の日，葬儀の費用などが入力される．亡くなったあと，法事の前になると，寺院の住職や葬儀社からダイレクトメールが自動的に送付されるようになっている．その後連絡を取り合いスケジュール調整が行われ，法事の予定が組まれるのである．

葬祭業者は過去の葬儀費用から推定し，法事を行うための予算にかなった見積金額が顧客に対して提案できる．

過去に行った法事での出席者のデータも残しておけば，出席予定者に対する案内状の送付サービスも簡単にでき，送迎の自動車を何台用意したらよいかなどを過去の実績から容易に推定することもできる．

顧客側にとっても，過去に依頼した実績があるため，安心して頼

みやすいということがある．法事を行う場合の煩雑な手続き（案内状の送付，出欠確認，弁当の手配，僧侶の手配，会場の手配，お返しの準備など）を肩代わりしてくれるならたいへん助かる．期日が迫り，そろそろ準備をしなければならないと感じているころに，寺院や葬儀業者からダイレクトメールが届くと，またお願いしようという気持ちになってしまう．

　寺院や葬祭業者にとっては，1回の葬儀だけの商売を行うのではなく，顧客情報を活用してリピート（再度の受注）を受けることで，安定した確実な収入を得ることができるというメリットがある．過去のデータなどを活用することで，少ない作業量で準備を行うこともでき，高い収益率を得ることが可能となる．

3.5　その他の業種でのコンピュータの活用事例

1．電子カルテ

　病院でもコンピュータが用いられている．以前では患者は一人であるにもかかわらず，カルテは紙で各科（内科，外科など）ごとに作成されており，複数のカルテが存在していた．このため，複数の科で治療を受けている場合に，それぞれの科ごとに薬が処方され，場合によっては同じ薬が出されれば，2倍の薬を誤って飲むことになる．患者のカルテを電子化して統合化することにより，一人の患者が複数の科で同時に診察を受けても，それぞれの科でどのような薬が処方されているのかを把握することができるため，薬の全体のバランスを考えた処方が行いやすくなる．

　また電子カルテの番号をマイナンバーで参照することができるようになり，複数の医療機関でカルテを共有し，参照することができるようになれば，事故に遭遇した場合に，救急病院に搬送されたその患者が，ほかの病院でどのような治療を受けているのか，どのような薬を飲んでいるのか，どのような持病をもっているかなどを治療する際に参考にすることができ，その患者に合った治療を行うことが可能となる．

　ただしこの場合，病院ごとに異なる電子カルテのフォーマットで

あるとデータの互換性がとれない．このため，ほかの病院で使われている電子カルテの情報を用いることができるように，電子カルテの情報を記述するためのデータ形式（フォーマットという）を統一する必要がある．現在その統一データフォーマットとして **XML** がある．XML による電子カルテのフォーマットがすでに規定されており，そのデータフォーマットによりカルテの情報を共通的に参照できるような仕組みが考えられている．

XML：eXtensible Markup Language

電子カルテの共有化により，患者がほかの病院でどのような治療を受けているのかを知ることができ，より効果的な治療を行うことができるというメリットがある．その一方で，患者が初めてかかる病院でも，その患者が過去にどのような病気をして，どの病院でどのような治療を受けてきたかという履歴が参照されることは，その患者のプライバシーが漏えいしやすいという危険性もある．電子カルテを共有化する場合には個人のプライバシーをどう守るかということに対する配慮が重要となる．

■2. 遺伝子情報の取扱い

製薬会社では，新薬を開発するのにコンピュータが使われている．コンピュータ上のシミュレーションによる新薬の開発や，数多くの臨床実験の結果を分析するのにコンピュータが活用されている．

人間の遺伝子の解明が進んでおり，遺伝子の情報により，どのような遺伝子をもつ人がどのような病気にかかりやすいかといったことがわかるようになってきている．遺伝子によりどのような病気になりやすいか，その病気にかからないようにするためには，どのようなことに注意しなければならないのかがわかるようになり，遺伝子による健康診断が行われるようになることが考えられる．遺伝子による健康診断により，ガンになって死ぬ確率や想定される寿命までがコンピュータにより導き出され，保険に加入できないということがすでに起きている．

製薬会社では，特定の遺伝子を持つ人に効く薬の開発なども行われている．どの遺伝子がどの病気に結び付くのかを求めるには，膨大な量の遺伝子のサンプルとそれを処理するための高速のコンピュータが必要になる．人間の遺伝子と病気との関係を明らかにするた

めには大量の計算を要し，コンピュータの性能が新薬の開発に大きく影響する．遺伝子と病気との関係を解明した場合，その情報は特許として登録することが可能となっている．このため，遺伝子と病気との関係を見つけ出すために高速のコンピュータが使われ，特許としてその発見が保護されつつある．

このため，製薬業界では，コンピュータを用いた遺伝子情報の解明に力を注ぎ，他社よりも早くどの遺伝子がどの病気に関係しているのかを突き止め，その遺伝子情報の特許を取得しようという戦いが行われている．

個人の遺伝子の情報がコンピュータで管理されるようになると，その遺伝子の情報も個人情報として漏えいしないような厳重な管理が必要になる．病気になるのを未然に防ぐため，自分の遺伝子の検査結果からどのような病気にかかりやすいのかを知りたいという人もいるが，そのような情報を知りたくないという人もいる．遺伝子の治療が進むと，遺伝子の診断も一般的に行われるようになるであろう．このとき，個人の遺伝子の情報をどのように管理したらよいのか，暗号化技術などを用いて個人情報が漏えいしないような技術が求められている．

3. サプライチェーンマネジメント

企業内に情報ネットワークを構築することにより情報の共有化が行われ業務の効率化を図ることができる．製造メーカは，製品を構成する数多くの部品を作成する関連会社や完成した製品を卸会社や販売店まで配送する運送会社など多くの企業によって支えられている．これらの関連会社の間を情報ネットワークで結び，情報の共有化や電子決済による業務の効率化を行うことができればトータルコストを下げることができる．

図3.7に示すように関連企業を情報共有ネットワークにつなぎ，製造メーカの生産計画などの情報を共有化することにより，経営の効率化を図るこのビジネスモデルを**サプライチェーンマネジメント**（**SCM**）という．

サプライチェーンマネジメントにより製造メーカの生産計画に基づいて部品メーカは部品の生産計画を立てることができ，むだな生

サプライチェーンマネジメント：
Supply Chain Management

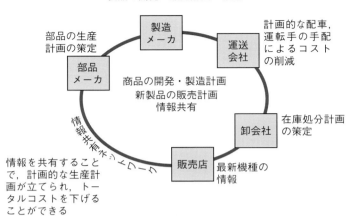

図 3.7　サプライチェーンマネジメント

産をしないで効率的な経営を行うことができる．むだな生産を省くことができれば部品のコストを下げることができるため製品のコストを下げることができ，他社製品に対する競争力を高めることになる．完成した商品を配送する会社にとっても，製品の生産計画の情報を得ることができれば，トラックや運転手をどの時期にどれだけ用意したらよいかわかるため計画的な経営を行うことができ，経営の効率化につながり，搬送コストの削減につながる．

4. 学校でのコンピュータの活用

　学校などの教育機関でも多くの情報システムが使われている．例えば大学では講義の履修登録に Web ページやマークカードが使われている．希望する講義を Web ページで選択し，授業の履修登録を行っている．コンピュータは同じ時間に複数の講義が申し込まれているようなことがないかどうかをチェックする．集計を行うことで，登録人数がわかる．この人数に応じて教室を割り当てることになる．教員は Web ページで履修学生名簿を確認することができ，その名簿に対して Web ページから成績がつけられる．

　講義のシラバスが Web ページで公開されている．このシラバスを見ることで，どのような講義を受けることができるのか，入学の

前に確認することができる.

電子メールや Web ページによるレポートの提出や，講義資料を各自必要な人は Web ページから取得することができる．また講義の休講を掲示板に張り出すだけでなく，各履修学生に対して電子メールで周知を行うということも行われている．

無線によりインターネットへ接続する環境も整備され，高速なインターネットを手軽に使えるようになってきている．スマートフォンで動画を視聴することが普通になり，自宅のコンピュータやスマートフォンを通じて大学の講義を受けるということが可能となっている．

講義の行われている時間に異なる場所でインターネットなどの通信回線を用いて講義内容を見ながら学習することを，**ディスタンスラーニング**という．ディスタンスラーニングでは双方向性があるため，講師に質問をすることも可能である．

ディスタンスラーニング：distance learning

講義をやむを得ず欠席した場合に，録画された講義内容を教材配信サーバに記録し，後日 Web ページから見るということもできるようになっている．MOOC のように，自宅から大学の講義を無償で視聴できるようになってきている．海外などのとても通うことの

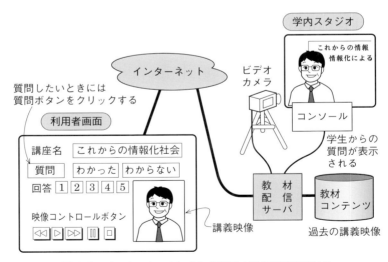

図 3.8　インターネットにより自宅で大学の講義を受ける

できないような遠方の大学の講義を受講することも可能となり，同時に複数の大学の講義を受けるということも可能となっている（図3.8 参照）*．

*4.4.3（p. 118）参照．

3.6　企業内でのコンピュータの活用

1. 経営情報を管理するためのコンピュータの活用

　コンピュータがないときには，企業経営者は経験や勘に頼って経営の意思決定を行ってきた．しかし，商品やサービスのライフサイクルが短くなり次々と新商品が開発されるようになり，また扱う商品の種類も多くなった．このため，経験や勘に頼っていてはすばやい意思決定や，的確な意思決定ができにくく，古い商品の在庫を抱えることになり，それが企業収益の悪化につながってくる．**ライフサイクル**の短い多品種の商品を期間内に売り切るためには，適切な在庫管理を行うことが不可欠であり，その在庫を管理するためにコンピュータが用いられている．

ライフサイクル：life cycle

　経営者が意思決定を行うときにその意思決定に必要な情報を管理するシステムを**経営情報システム**（**MIS**）という．経営の意思決定に必要な経営指標となる情報を**データベース**で管理を行い，経営者はそのデータを定期的に確認することで，適切な意思決定ができるようになる．

MIS：Management Information System

データベース：database

　コンビニエンスストアの場合，コンピュータにより，商品の在庫状況が把握され，そのデータに基づいて販売価格や仕入れ数が検討される．コンピュータは販売数や販売の傾向を分析して，適切な発注量を計算する．また店舗の面積が狭く，多品種の商品を配置するためには，商品の回転率*を高めるための工夫が必要である．このために適切な棚割りを行うことが求められている．棚割りは，商品の販売状況をコンピュータで分析して行われる．棚割りを決定するために，コンピュータにより分析されたデータが使われる．このようにコンピュータが棚割りの意思決定のために活用されている．経営者が誤った経営判断を行わないように，適切な発注数量を計算により導き出し，経営者はそのデータを参考にして経営の意思決定を

*商品を棚に並べてから売れるまでの時間のことで，その時間が短いことを回転率が高いという．

3.6 企業内でのコンピュータの活用

行う．

▌2. 経営意思決定を支援するためのコンピュータの活用

　経営者は，経営情報システムから出力される財務状況や在庫状況のグラフを見て，意思決定を行う．経営者が経営の意思決定を行うため，経営を改善するための仮説を立て，経営者自らがコンピュータを操作し，その仮説のデータをコンピュータに入力し，その結果を参考にして，意思決定を行うシステムを**意思決定支援システム**（**DSS**）という．意思決定支援システムが経営情報システムと異なるのは，経営者自らが操作を行うことにより，経営の仮説をより確かなものとするため，経営の意思決定をサポートすることにある．

DSS：Decision Support System

　意思決定支援システムでは，その商品に対する販売方法などを変更した場合に，経営にどのような影響があるかを経営者がコンピュータ上で試すことが可能となる．コンビニエンスストアの場合，どの商品をどう配置するかということも重要ではあるが，経営では，どのように商品を配置したらよいかではなく，その商品の取扱いを止めた場合にはどうなるか，どのような新しい商品の取扱いを増やしたらよいのかといった意思決定を行う必要がある．この意思決定を支援するシステムが意思決定支援システムである．

　コンビニエンスストアでは，店舗の地域性や規模により，店舗に並べてある商品の種類も異なる．**POS**システムにより収集された販売データを分析することにより，どのような店舗では，どのような商品が売れる傾向にあるかということを知ることができる．そのデータから店舗と商品との売上げの関係の仮説を立てることができる．この仮説を立てるのを支援し，その仮説を実行した結果がどうであったのか，すなわち，その意思決定が妥当であったかを検証することを支援するシステムが意思決定支援システムである．その結果，店舗により扱う商品が変えられているのである．

▌3. 経営戦略立案を支援するためのコンピュータの活用

SIS：Strategic Information System

　経営戦略の立案を支援するためのシステムを**戦略情報システム**（**SIS**）という．競合企業のビジネス戦略モデルに対抗するため，どのような戦略を立てたらよいのか，経営を取り巻く外部状況を勘

83

案して，経営戦略を立てることが求められる．経営状況や社会の景気状況，関係する企業の戦略などを総合的に判断し，経営戦略を立てることを支援するためのシステムが戦略情報システムである．

企業経営にとって，戦略的に経営を行うことの重要性が高まってきている．新商品を開発し，新しいマーケットを創造するためには，リスクも伴う．このため，商品を販売する前に消費者にその新商品が受け入れられるかを調査する場合がある．地域や店舗，期間を限定して販売を行い，その傾向を分析して新しい商品を販売するための戦略を練り直すときにコンピュータが活用されている．

4. 経営資源の定義の変化

企業の経営とは，企業の経営資源をうまく活用して最大の利益を出すことである．企業の経営資源とは，1990年ころまでは「人」，「物」，「金」といわれてきた．しかし，この経営資源の定義も大きく変わりつつある．

他企業に対して競争優位を保つために高付加価値な製品を創造するためには，情報や知識，技術が不可欠であり，また経営の意思決定にも情報は欠かすことができなくなってきている．

情報化社会になり，経営においても，個人の経済活動においても，情報の価値が増大傾向にあり，情報を適切に管理する技術が，経営にも個人にも求められている．

このため，現在，経営資源についても，「人」，「物」，「金」以上に，「知識」，「情報」，「ブランド」が重要な経営資源となってきており，経営者はそれらも適切に管理をすることが求められている．

5. ナレッジマネジメント

企業間の競争に勝ち残るためには，他社製品と比べ高い品質やサービス，価格など差別化が必要である．高付加価値の製品やサービスを開発するためには，スペシャリストの英知を結集することが必要となる．しかしその知識が本人にしか知られていなければ，会社としてその知識が有効に活用されているとはいえない．このため，個人の知識を共有化できるしくみが必要となる．これを，**ナレッジマネジメント（KM）**という．

KM：Knowledge Management

これからの企業が生き残るためには，情報や知識，ブランドといった経営資源を適切に管理することがたいへん重要である．このため，知識や情報を管理するためのナレッジマネジメントの重要性が高まってきている．個人の知識を企業の中で共有化し，企業知識（**コーポレートナレッジ**）にするためのしくみが構築されている．

コーポレートナレッジ：corporate knowledge

個人の知識を共有化し，それを再利用できるようにするためには，個人の知識を文書化し，その電子データをデータベースで管理し，容易に検索できるようにすることが必要となる．

例えば，営業が作成する企画書や見積書をデータベースにより管理を行い，企画書を作成するときにそのデータベースから似ている企画書を探すことのできるシステムがある．また各社員の知識やスキル，情報，ノウハウ，業務履歴といったものをデータベース化し，社内限定の Web ページから知りたい情報について，誰がその情報を持っているか，必要な知識や情報をそのデータベースから検索できるようにしたシステムなどがある．

▎6．イントラネット

イントラネット：intranet

インターネットの技術を使って，企業内ネットワークを構築したものを**イントラネット**という．インターネットの技術とは，電子メールや Web ブラウザを用いた情報交換の技術である．イントラネットの利用者は，その企業内のメンバに限定されている．企業内のナレッジマネジメントや情報の共有や周知は，このイントラネットにより行われる．イントラネットは，企業における情報の一元管理や共有化のために構築される．

情報共有や電子メールなどのサービスを社員に提供するためには，それらの機能を実現するためのソフトウェアが必要となるが，インターネットで使われている技術を流用することで，インターネットを使うときに利用するソフトウェアを流用することができ，安価にシステム化を実現することができる．

イントラネット内には，インターネットと同じように，電子メールを管理するためのメールサーバ，Web ページを管理するための Web サーバが配置され，社員はそれらのサーバを通して，メールサービスや Web サービスを受けることができる．

第3章 企業における情報活用

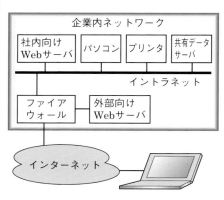

サービス内容	インターネット→イントラネット	イントラネット→インターネット
電子メール	許可	許可
Webページ参照	禁止	許可
リモートログイン	禁止	禁止

企業内ネットワークからインターネットのWebページを参照することはできるが，インターネットから企業内の独自Webページを参照することはできないように，ファイアウォールがガードしている

図3.9 イントラネットとファイアウォール

　イントラネットは，社内のさまざまな情報が流れるため，社外からはそのネットワークに接続し，侵入することができないように厳重に管理が行われている．イントラネットからインターネットのWebページを検索したり，社外のビジネスパートナと電子メールによる情報交換を行ったりすることもあるため，イントラネットとインターネットが接続されていることがある．この場合，インターネットからイントラネットへの侵入を防ぐため，その間に**ファイアウォール**が設置される（図3.9参照）．

ファイアウォール：firewall

3.7　企業内ネットワークでの情報共有

1. 各種規定や帳票フォーマット

　企業内の各種の規定（社内規定，就業規則など）についても，従来はファイルにとじられた紙の規定が用いられていた．各種の規定は業務を行うときにしばしば参照をするため，各職場にそのコピーを保管することが行われていた．

　しかし規定の改定のたびにそれらのコピーをすべて漏れなく更新することはたいへんな労力を要する．このため，現在では紙を廃止し，Webページ上で規定を改定し，社員はWebから最新の規定を

参照する方法がとられている．規定が改定された場合には，Webページ上の原本だけを変更し，全社員に対して改定の内容が電子メールで周知される．このことにより，規定のファイルが身近になくても社員は各自のパソコンから最新の規定を確実に知ることができるようになった．文書が電子化されたことで新たに検索の機能を付加することも可能となった．キーワードを入力するとデータベース上の各種規定から検索が行われ，該当する規定を表示することができる．紙に印刷された状態の規定では，検索することは困難であったが，電子化されデータベース化されることですばやく検索を行うことが可能となった．

　書類の提出が必要なものについては，その帳票のフォーマットが各種規定とともにWebページで管理が行われている．社員は必要なときには，Webページから帳票を取得し，それに記入して申請する．このため，各自が申請用紙をもつ必要はなく，必要なときにWebページから最新のフォーマットを入手することができるようになっている．

2. 会議室の予約

　会議室を予約するのにも，Webページが用いられている．Webページ上で空いている会議室を検索し，その予約を行うことができる．どの会議室が空いているかどうかを過去にはノートなどの紙で管理を行っていたが，Webページで空き状況を確認できるため，紙での管理が不要となった．また，社外からインターネット経由でイントラネットに接続できるVPN接続ができる場合には，営業などが出先から打合せの場所を確保することができるという利点がある．

VPN：Virtual Private Network

3. スケジュール管理

　会議を行う場合，各社員のスケジュールを確認するのにもイントラネットが用いられている．会議を計画するうえで，Webページからあらかじめ参加者のスケジュールを確認して会議日程を決めることができる．
　会議の参加者に対し，会議案内の通知をするのにも電子メールが

用いられている．また，会議の始まる前に参加者に対して事前に資料を配布するのにも電子メールが用いられている．さらに，会議そのものも，テレビ会議などにより遠隔地どうしで会議を行うこともできるようになってきている．

グループウェア：
groupware

4．グループウェアの活用

Webページではスケジュールを参照することができるだけであるが，グループウェアというソフトウェアを用いると，各自がスケジュールをそのソフトウェアを用いて管理することにより，職場のグループ内で各自のスケジュールを共有化でき，スケジュール調整をより簡単に行うことができるようになる．グループウェアではスケジュール管理のほかに，アドレス帳の参照，不在中に電話を受け付けた場合の連絡メモ，掲示板，電子会議，設備の予約，ToDoリストの管理などを行うことができる．

5．電子写真帳

社員の写真帳も従来は紙のものを年に1回，印刷して配布していたが，ビジネスのスピード化により，組織形態も柔軟に，そして頻繁に変化するようになったため，更新が頻繁に行われる必要がある．このため，写真帳は最新版をWebで検索し参照ができるようになっている企業も多い．写真帳と連動して，検索して見つかった社員に対して連絡先電話番号やメールアドレスだけでなく，スケジュールまで確認することができるものもある．

データベース：
database

電子写真帳とナレッジマネジメントの**データベース**とを組み合わせることにより，どのノウハウを誰がもっているのか，その人の連絡先はどこかということを知ることが可能となる．

3.8　基幹業務でのコンピュータの活用

1．基幹業務とは

どのような企業においても企業活動を行うためには，人，物，金，情報などの経営資源を管理する業務が不可欠であり，これらの

3.8 基幹業務でのコンピュータの活用

業務を基幹業務という．基幹業務とは，総務部，経理部，財務部，購買部，人事部などが行う業務のことで，具体的には，資金調達計画の策定，給与の支払い，人事異動，顧客情報の管理などを行う業務のことである．

▍2. 電子決裁

企業活動の中では，上司の意思決定を仰いだり，関連部署の合意を取り付けたりするために稟議が行われる．従来，この稟議は紙に記載された決裁文書に対して，関係する者がそれに押印をする形で行われていた．しかしこの稟議を電子的に行うことが行われており，これを電子決済という．

従来は，紙の文書を回覧していたため，起案をしてから決裁となるまで時間がかかっていた．しかし，電子データにより決裁を受けることが可能になることで，決裁までの時間を短縮することができるようになり，すばやい意思決定を行うことができるようになった．

▍3. 会計システム

会計システムでは，企業の出金と入金の管理を行い，適切な資金計画を策定するなどに使われている．出金や入金に対して，どのような内容で出金や入金があったのか勘定科目に応じて分類されコンピュータにデータとして入力されるため，勘定科目ごとに集計し，簡単に分析を行うことができる．企業会計原則に基づいて，経営成績や財政状態を外部に示すことを目的とした財務会計のほかに，経営者が経営計画を立て，意思決定をするのに役立つ会計情報を知るための管理会計がある．

財務会計の処理は不可欠であるが，効果的な経営を行うためには独自の管理会計が必要となる．管理会計では企業の戦略などにより，経営者が欲する情報を的確に把握するため各企業が独自に定めることを行う．すなわち，一つの収入や支出に対して，財務会計と管理会計では計算の仕方が異なるため，それぞれの計算結果を求めることができるようにコンピュータで会計処理を行う．コンピュータを用いることにより，財務会計上の計算結果のほかに，管理会計上の計算結果を容易に求めることが可能となる．

4. 販売管理システム

　ものやサービスを販売したときに，相手の企業や個人に対して請求書を発行する．支払いの期日までに相手の企業や個人から定められた口座に対して入金が行われる．銀行口座も複数存在する場合があり，どの銀行の口座に振り込むかは相手に選択の自由があり，どの請求書がどの銀行のどの振込みに該当するかを照合する必要がある．請求書の情報と入金の情報とを照合し，支払い期日までに入金が行われなかった顧客を調べ，入金が行われなかった顧客に対しては，再度請求書を発行するなどを行う．これらの処理にコンピュータが使われている．コンピュータを使うことにより，代金が未払いの顧客リストから，入金のあった顧客を簡単に検索することができるようになった．銀行口座への入金の情報は，電子データとして受け取り，このデータをコンピュータに入力することで照合を行っている．

5. 購買管理システム

　企業では，パソコンと機械などの固定資産や，机や椅子などといった備品や，文具などの消耗品を購入する．社員から物品の購入の要求が行われたら，その物品を販売している業者に対して見積書の作成を依頼し，各社からの見積書を比較し，最も価格が安いか最もサービスがよい業者を選定し，発注を行う．

　社員は物品の購入を希望する場合，購買課のWebページから物品の購入手続きを行う．購入を希望した社員の上司には，社員から購入の希望が出ている旨の電子メールが購買課から送付され，その電子メールの内容を見て上司が承認する．このようにして電子決裁が行われる．その後発注が行われ，納品があり，請求書を受け取り，支払い処理を行うが，これらの一連の管理を購買管理システムが行っている．

6. 在庫管理システム

　在庫管理とは，企業の抱える商品や部品といった在庫を効率的に管理することである．この在庫管理の業務を支援するシステムが在庫管理システムである．在庫管理では，単なる在庫数を管理するだ

けではなく，商品の売上げの傾向をつかんだり，売れ筋商品を分析したり，発注処理も行う．

企業は銀行から資金を借り入れ，その資金をもとに材料を購入し商品を生産し，出荷している．このため，大量の在庫を抱えることは，銀行からの借入金の増大を招き，収益の低下を招くことになる．**ライフサイクル**の短い商品の場合，長期間に在庫を抱えると，不良在庫となるため，適切な数量を仕入れ，出荷を行う必要がある．このために在庫管理が必要となる．

例えば，パソコンの販売店は，大量に仕入れることで仕入れ値を下げることができる．しかし3か月後にはその商品に代わる新商品が発売されるため，それらが売れ残った場合，不良在庫となる．不良在庫に対して，場合によっては，仕入れ値の原価を切っても販売しなければならない場合が生じることもある．このため，売れ残りや品切れがないように適切に販売価格を設定し，不良在庫をもたないような在庫管理が必要となる．このときに人間の経験や勘に頼るのではなく，在庫管理システムによる在庫量の推移のグラフを参考にすることで，適切な意思決定を行うことができ，不良在庫に対するリスクを低減できる．

すばやい意思決定を行うためにも，現時点での在庫状況を的確に把握することが必要となる．POSシステムでは，販売時点での販売個数や売上げを把握することができ，売上げの傾向を容易に知ることができ，現時点での在庫状況も的確に知ることができる．

以前は，営業担当者が顧客からの注文を受け付けた場合，その後会社に戻り，在庫数を確認して，翌日，顧客に在庫確認の結果を知らせるということを行ってきた．しかし，インターネット経由でスマートフォンやパソコンなどを用いることにより，出先から顧客との商談の最中に会社のコンピュータにVPN接続し，その場で商品の在庫を確認することが可能となった．

ライフサイクル：
life cycle

VPN：Virtual Private Network

▌7. 人事システム

人事では，社員の昇進昇格の履歴や，社員の業務履歴，社員の個人情報などを管理する．経営資源である人材を管理することを人材資源管理（**HRM**）といい，その管理を行うシステムをHRMシス

HRM：Human Resource Management

テムという．HRMシステムはスキル管理システムともいい，どの社員がどのような経験を持ち，どのようなスキルや知識を持っているかを管理している．

　HRMシステムにより，個人や組織におけるスキルの偏りを見いだすことができ，ビジネス戦略に照らし合わせて将来必要となる技術を身に付けている人材がどの程度不足するのかを把握することができる．スキル向上の手段の一つとして研修があるが，このデータをもとに戦略的な研修計画の立案を行うことが可能である．HRMシステムにより，社員は自分のスキルを明確にすることができ，スキルアップの目標を設定することができる．

　社員は，知りたい情報や知識，経験をHRMシステムで検索することにより，誰がその情報や知識，経験をもっているのかを知ることができる．

■8. コンピュータを利用した社員教育

　社員の教育にもコンピュータが使われている．社内のネットワークに接続を行い，Webブラウザを通して学習を行うことができる．個人の学習履歴はコンピュータにより管理され，学習中に行われる小テストの試験結果から適切な教材が選択され表示される．Webブラウザを用いてネットワーク上の教材で学習するシステムを**WBT**といい，時間と場所の制約を受けずに学習することができる．

WBT：Web Based Training

　研修の場合，研修の行われる時間に研修会場に集合する必要があるが，WBTではその必要はなく，また細切れに学習することも可能である．研修とは異なり，わかっているところは読み飛ばすことができるため，わからないところだけを学習することができる．このため，研修に比べて短時間に習得することが可能である．WBTについては，次節で詳しく述べる．

　また，自宅のコンピュータから，教材を提供しているコンピュータに接続ができれば，自宅にいても学習することができる．スマホで通勤途中に学習を行うことも可能である．自宅からコンピュータを用いて学習を行うことができるのであれば，わざわざスキルや知識を高めるのに会社に行く必要はなくなり，自宅にいながら学習を行うこともできる．これを**在宅学習**という．

9. 基幹業務における統合業務ソフトウェア

　企業内には，会計システム，購買システム，人事システム，給与システム，経営管理システム，図書管理システム，会議室・備品予約管理システムなどがある．経理，財務，給与，人事，顧客情報管理など，どの企業にも共通的に存在する業務を基幹業務という．これらの基幹業務に関するシステムを統合したシステムを統合業務ソフトウェアまたは **ERP** という．

ERP：Enterprise Resource Planning

10. 企業間の電子商取引

　コンピュータを用いた業務の効率化として，会計業務，在庫管理業務などの社内のさまざまな業務がコンピュータ化されていることを紹介してきた．さらにグループ企業を情報通信ネットワークでつなぎ，業務の効率化が行われている．

　これまで企業内部ではコンピュータによる電子的な処理が行われていても，企業間の取引で交わされる，見積書，発注書，請け書，納品書，請求書といった文書は，会社の代表印が押されている紙の文書で行われていた．その文書を受け取った側は，そのデータをまた手で入力する必要がある．この作業を効率化するため，企業間の取引を電子データで行うことが行われている．

　ところが，企業内部の会計や購買で扱っているデータ項目やデータの形式は，その会社独自の仕様であるため，そのままのデータ形式では，企業間のデータのやり取りには不適切である．データを送る側と受け取る側の両方で，データ形式を合わせる必要がある．このため XML などにより，企業間のデータのやり取りを行うための共通的なフォーマットが決められている．これにより，企業間のデータのやり取りにおけるデータ形式を独自に定めることが不要になり，他社とのデータ交換も容易にそして正確に行うことができるようになってきている．

　企業間での商取引を **BtoB** という．なお，企業の Web ページでオンラインショッピングを行うなど，企業と個人の顧客との商取引のことを **BtoC** という．

BtoB：Business to Business

BtoC：Business to Consumer

3.9 eラーニング

1. eラーニングとは

eラーニングは，一般的には情報通信ネットワークとその双方向性を生かした**ディスタンスラーニング**（遠隔教育）全般を指す．ディスタンスラーニング自体の歴史は古く，媒体として郵便を用いた通信教育や，無線通信による音声を用いた原始的な双方向授業などにさかのぼれる．現在，eラーニングと呼ばれるのは，主にWeb Based Training（WBT）やTV会議システムを用いたディスタンスラーニングなどである．だが，従来からのネットワークを用いないスタンドアロンな環境における**CAI**や**CBT**，ネットワークやマルチメディアを利用するが片方向である放送教育や，**VOD**による教育もeラーニングに含むことがある．

これまで企業における教育形態としては，業務を遂行する中で業務に直結した技術や能力を訓練し修得する職場内研修（**OJT***）と，語学教育などある程度一般化された知識や技術などを職場（業務）外で教育する（**OffJT**）があり，これらを組み合わせて階級別教育や職能別教育がなされてきた．どちらも多大な時間的・金銭的コストを要するため，生涯雇用社会から雇用が流動する社会への変革に伴い，企業にとってはこれらの各種コスト削減が必要となる．そのためOJTの内容のマニュアル化とそのeラーニング化，集合教育型のOffJTをeラーニングで置き換える対処がなされた．しかしeラーニング化は単なる効率化ではなく，個人の能力や業務形態に応じてフレキシブルな学習を可能にする利点をもつ．また，業種によってはキャリアプランニングのためにeラーニングを利用して資格取得するのも一般化してきている．

2. Web Based Training（WBT）

WBTとはWebブラウジング環境とネットワークを用いた学習形態を指す．学習者は主にWebブラウザを用いてネットワークを介し，サーバにアクセスする．サーバ側はWebサーバと連携した学習管理システム（**LMS**）とLMSによって管理されるコンテンツ

---

eラーニング：e-learning

ディスタンスラーニング：distance learning

CAI：Computer Assisted Instruction

CBT：Computer Based Training

VOD：Video On Demand

*p. 133 参照．

OJT：On the Job Training

OffJT：Off the Job Training

LMS：Learning Management System

で構成される．学習履歴もまた LMS 上で管理され，解析も可能である．理論的には Web ブラウザを搭載し，ネットワークにつながったコンピュータがあれば，学習者は時間と場所にとらわれずに学習することが可能である．LMS にチャットや BBS を取り込むことにより迅速な問題解決や，**協調学習**も可能となってくる．

協調学習：
collaborative learning

CAI として過去に販売されていた教育プログラム群は，コンピュータのアーキテクチャに依存し，またプログラムそれ自身がコンテンツと密接に結び付いているものが多かった．CBT（Computer Based Training）は主に CD 上にマルチメディアコンテンツとその制御プログラムを持っていた．そのためコンテンツの訂正や制御プログラムのアップデートは困難であり，学習履歴の一括管理はほとんど不可能，また双方向性がほとんど確保できていなかった点で WBT と大きく異なる．

LMS とコンテンツは分離可能であるが，これまで異なる LMS 間でのコンテンツの互換性は低かった．そのため WBT システムの標準化が ISO/IEC JCT1（国際標準化機構）の SC36 Informaiotn Technology for Learning, Education, and Training などで行われている．特に，SC36WG2 と ISO/IEC 19778・19780 では，協調学習における規格について，さまざまな案が議論されているとともに，その普及を図るための方法も考えられている．ここでは，日本で 2010 年から行われたフューチャースクール推進事業における研究成果も，とりこまれている．

3. Computer Based Testing（CBT）

Computer Based Testing（CBT）は e ラーニングにおけるコンピュータを用いて行われる試験およびそのシステムを意味する．先に述べた Computer Based Training も CBT と略されるが，最近では CBT でこちらを指すことが多い．TOFEL をはじめ多くの資格試験が CBT に移行しつつある．CBT は既存の紙ベースのテストをそのままコンピュータ上に移したものや，問題提示をランダマイズするだけのものもあるが，**項目応答理論**（**IRT**）を採用し，受験途中に随時推定される能力値をもとに，次に提示する問題を決定する **CAT** であることが多い．統計的にデータのとれている試験問題群

項目応答理論：
IRT；Item Response Theory

CAT：Computer Adaptive Test

が得られていれば，能力に応じた受験者個別の試験実施や，紙ベースの試験に比べ短時間に結果を得られるなどの利点がある．しかしIRTを取り入れたCATでは，前の問題に戻って訂正できないことが普通であるため，訓練なしにはよい成績を上げられないという問題が指摘されている．

時間と場所に縛られないというWBTの利点はCBTにそのまま当てはめることができるが，資格試験として実施する際には本人認証という問題が生じる．米国においては，コンビニエンスストアにパーティションを設け，CBT用のPCを用意して簡便な試験センタとし，認証は身分証明書を店員に掲示して行う，という例があるが一般的なものではない．個人情報保護の観点から容易にはバイオメトリクス（biometrics）による個人識別を導入することはできないので，CBTによる資格試験における個人認証は今後さらに検討が必要である．

4. 公開大学とOCW，OER，MOOCなど

世界の公開大学の多くがインターネットを利用した授業内容の配布を始めており，その中には，誰でも大学の授業を見ることができるようになりつつある．

・公開大学とは

固有名詞としてはイギリスに設立されたThe Open Universityのことであるが，一般名詞としては，テレビやラジオなどの放送機器を活用した大学のことであり，わが国では放送大学（The Open University of Japan）が該当する．現在は，多くの公開大学が，インターネットを利用した授業配信を行うようになっている．

・**OCW**とは

1999年にMITで構想され，その後実現された大学の授業をオンラインで無料配信するしくみのことであり，大学における無料授業配信の先駆けである．OCWによく似た組織としては，CourseraやUdacityなどがある．また，OCWの活動は，その後，**OER**（Open Educational Resources）という名前での運動として続いている．

・**MOOC**とは

Massive Open Online Cource（「大規模オンライン講座」と訳さ

れる）の略であり，おもに大学レベルの授業を，インターネットと情報機器を活用して，広く誰でも学べるようにしたしくみである．

これらは，よく似ているように見えるが，いくつかの点で異なっている．

・無料で視聴できるか．
・インターネットを利用してみられるか．
・ビデオ以外の副教材もあるか．
・受講者どうしの交流の場．
・認定（修了）試験をどのように行うか．

例えば，日本の放送大学では，「放送授業」ではBSと地上デジタルで放送されているが，学生でない人がインターネット配信を利用して見ることができる授業はごく一部である．学費を払って学生になっても，一部の授業は著作権の事情でインターネットでは配信されない．同じ授業の受講生どうしの交流の場所は用意されており，学生相互に学び合うことができるが，このしくみは外部には公開されていない．単位認定試験は，写真付の学生証を持参した教場試験のみであり，本人確認が厳密に行われるため，単位認定によって大学卒業資格を得ることができる．

一方，MOOCの多くは無料で受講できることから，学生どうしの授業に対する意見交換の掲示板も，事実上公開されているといってよい．認定試験はオンライン試験となっていることが多いが，なりすましの可能性があることから，MOOCの認定試験に合格しても，大学の単位には認定されないことが多い．

5. eラーニングの利点と注意点

企業内教育における就業時間内の一斉授業は，教室，講師にかかわる直接的コスト，業務への影響といった間接的コストが考えられるが，WBTの導入によりそれらが解消されることが予測される．しかしシステム，コンテンツの初期導入コスト，サーバ，LMSのメンテナンス費用，およびチュータ，メンターのコストを計算に入れる必要がある．また業務時間外に研修として行われる場合には労働協定に注意すべきである．

WBTは何度でも好きなときに繰り返せるため，個人の進度に合

わせた学習計画を立てることができ，興味・関心・成績に応じてダイナミックにカリキュラムを設定することも可能となってくる．しかしそのためには多量のコンテンツを用意し，学習体系とレベルのマッピングが必要である．

対面式の通常の授業では教師の質によって授業内容が異なるが，WBTでは同一品質のコースを提供できる．また，コンテンツのアップデートが可能なので時代に遅れることもない．

なお，学習履歴の一括管理と即時の解析が可能であるが，学習情報は高度な個人情報である．今後LMSをまたがった学習が行われ，その際にLMS間で学習履歴の交換などが行われるようになると考えられるが，その取扱いには注意が必要である．

演習問題

問1 CTIにより電話をかけてきた相手を特定することができる．またGPSにより現在の場所を知ることができる．この二つの機能を用いて，新しいサービスを企画せよ．また，想定した企業ではどのようなことが問題で，CTIやGPSを用いることにより，その問題をどのように解決できるのかを述べよ．

問2 電子カルテが社会のなかで普及する場合，どのような恩恵があるか．またどのようなリスクが考えられるか．さらにそのリスクに対してどのような対策が考えられるかを述べよ．なお，恩恵やリスクについて，それぞれ少なくとも5個以上の項目をあげること．

第4章

ネットビジネス

　インターネットにより容易に必要な情報を検索することができるようになり，消費者が商品を購入する場合においても，まずインターネットから情報を得て，その情報をもとにして商品を選択し，購入するという新しい消費行動スタイルに変わりつつある．また，販売店では展示しておらず，インターネットからでしか購入できない商品を販売する企業までも現れている．
　インターネットに接続してのメールやWebページの参照がパソコンの主な利用目的になり，スマホや携帯電話でのネット検索やネット購入が一般的となってきている．
　企業においても広告宣伝や商品の販売などで，インターネットを活用した新しいビジネススタイルが生まれてきている．この章ではインターネットにより，どのようなビジネスが生まれてきたか，インターネットがビジネスのやり方をどう変えつつあるかを学ぶ．

■4.1　インターネットによる新しいビジネスモデル

■1．ビジネスモデルとは

ビジネスモデル：
business model

　ビジネスにより利益を得る仕組みのことを**ビジネスモデル**とい

う．企業の目的は利益を得ることであるから，ビジネスモデルはどのような企業にも存在する．

パソコンの販売店では，パソコンを製造メーカから仕入れ，それを顧客に販売する．売り値と仕入れ値との差が利益となる．利益を増やすためには，仕入れ値を低く抑えるか，売り値を高く設定するか，販売する量を多くするという方法がある．

これまで製造メーカから販売店へ，そして販売店から消費者へという流れがあたりまえだと考えられていた．インターネットが普及し，パソコンのメーカでは，情報技術やインターネットを活用して，販売店を経由せずにメーカのWebページから直接消費者からの注文を受け付け，消費者に直接販売することを始めた．消費者にとっては，仕入れ値に近い価格でコンピュータを購入することができるため，その企業は大量の注文を受け，業績を大きく伸ばすことができた．このビジネスモデルが一部の分野で一般化しており，販売店の存在自体が問われることにもなっている．新しいビジネスモデルが，ビジネスのしくみ自体を大きく変えている．

情報技術やインターネットを活用することで，新しいビジネスのやり方が可能となり，次々と新しいビジネスモデルが生まれてきており，利益を得るしくみそのものが早いスピードで大きく変わりつつある．

このため，昔ながらのビジネスモデルを変えることができず，過去のビジネスモデルに固執している企業は生き残ることが難しく，新しいビジネスモデルを構築し，ネット時代に合った変革を行うことがどの企業でも求められている．

2. BTO

BTO：Build To Order

製造メーカでは，商品を製造してもそれが売れ残り，不良在庫となると経営を圧迫する．企業は，株式の発行や銀行からの借入れにより資金を調達し，その資金で商品を製造して販売を行うが，商品を製造しても売上げがなければ，その商品を製造するために調達した資金はむだになる．また，3.8.6で述べたとおり在庫を多く抱えると，その在庫を保管する費用も増大する．ライフサイクルの短い商品や賞味期限のあるような商品の場合，売れ残りに対して，場合

によっては製造原価以下で販売しなければならない場合もある．

このため，特に商品のライフサイクルが短いものは，すぐに次期の新製品が発売されるため，適切な在庫管理が求められている．新製品が発売されると一世代前の商品の価値は大幅に下がることになる．このため新製品が発売されるまでに，仕入れた商品を完売するということが重要である．

パソコンの価格性能比は，**ムーアの法則**により，約18か月で2倍となっている．すなわち，18か月後には，同じ価格で2倍の性能のものを購入することが，3年後には同じ価格で4倍の性能のものが購入できることになる．パソコンの場合，3か月～半年で新しい商品に切り替わる．このため，不良在庫を出さないような生産計画を立てることが重要である．

この問題に対して，DELLコンピュータ社の創業者である**マイケル・デル**氏は，在庫を抱えないビジネスモデルを考案した．マイケル・デル氏は，Webページで消費者からの注文を受け付け，その注文に基づいてパソコンを組み立て，それを直接消費者に届けることを考案した．このことにより，DELLコンピュータ社は在庫を抱えることがなくなり，販売店を経由しないため，競合他社のものよりも安く商品を消費者に提供することが可能となった．消費者はカタログに示されたいくつかの限られた選択肢から商品を選ぶのではなく，Webページから自分の好みに合った部品を選択することができるため，自分のより好みに合った商品を購入することができるようになった．

このビジネスモデルを，**DELLモデル**，または**BTO**という．BTOは新しいビジネスモデルの一つである．BTOでは，注文（Order）を受け付けてから組立て（Build）を行うビジネスモデルである．従来の製造メーカが製品を製造・販売する方法の場合，まず市場調査や過去の実績などに基づいて生産計画を作成し，その計画に基づいて生産を行い，倉庫に在庫として保管を行い，出荷を行う．このとき一定の在庫量に減ったら追加生産を行う．しかし実際に販売をしてみると売れ残りが生じたり，品不足を生じたりする．

商品の種類が少ない場合には確度の高い予測を行うことが可能であるが，企業は消費者の多様なニーズに応えるため商品の種類を多

マイケル・デル：
Michael Dell

くし，商品ごとにどれだけ売れるのかを予測することはますます困難となる．例えば，洋服を販売するとき，新しい配色の新商品も含め，どのデザインの洋服がどれだけ売れるかを的確に予測することは困難である．

BTO では，図 4.1 のように，注文を受け付けてから生産を行うため，在庫を抱えることがない．製造される前にその商品の消費者が決まっているのである．また，消費者の多様なニーズに応えることも容易にできる．

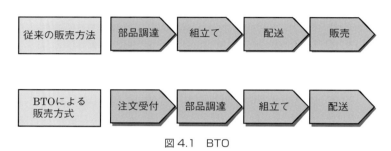

図 4.1　BTO

例えば，パソコンの場合，顧客のニーズは多様である．CPU の種類，メモリの容量，ハードディスクの容量，ディスプレイの大きさなどニーズは多岐にわたっている．もし選択できる項目が 4 種類あり，各選択肢に対してもし仮に 4 種類の選択肢があると仮定すると，256 種類のコンピュータをつくる必要がある．この場合，種類によっては在庫を大量に抱えるというリスクがある．この問題を解決するため，DELL コンピュータ社では，コンピュータを購入するときにどのような仕様のコンピュータが欲しいのかを消費者が Web ページで直接入力により注文を受け，その注文に基づいて製品が組み立てられ，組立ての終わったコンピュータを注文した人に，直接メーカから発送される．このことにより消費者は自分の好みに合わせて組み立てられた商品を入手することが可能になった．

このビジネスモデルは，商品のライフサイクルが短いものや，消費者の多様なニーズに応えることが必要な商品に適している．注文ごとに製造されるため，消費者にとっては商品を入手するのに多少時間がかかるが，それもパソコンの場合，約 1 週間程度である．し

かし何よりもほとんどオーダメイドに近い商品を安価に購入することができるというメリットがある．

BTOでは，比較的簡単に顧客の多様なニーズに応えることができるといったメリットがある．このため，自動車の製造などでもBTOのビジネスモデルが適用されようとしている．消費者の多様なニーズに応えるためには，オプションの種類と各オプションの選択肢を多くする必要がある．自動車の内装，塗装，タイヤ，エンジンの排気量，カーナビなどのオプション装置を付けるかどうかなどが選択肢になるが，その選択肢が多くなれば製造する自動車の種類も増え，特定の車種については在庫がなくなり，特定の機種については在庫が多くなるという結果をもたらす．このため，BTOの導入が一部において行われている．

自動車会社のWebページから欲しい自動車の内装や塗装などのメニューを選択する．最後にクレジットカードの番号を入力し，注文のボタンを押下すれば注文が完了する．自動車工場ではWebページから入力された仕様に基づいて自動車が組み立てられ，組み立てられた自動車はそのままWebページから注文した消費者のもとにメーカから直接届けられるのである．こうすることにより，余計な在庫を抱えなくてもよくなり，顧客の細かいニーズにも応えることができ顧客満足を高めることができるようになる．

しかし，このことは従来の販売代理店の存在意義が問われることにもなる．自動車販売ディーラを経由しないで自動車が販売されるようになれば，販売ディーラ自体が不要となる可能性もある．

DELL社はパソコンの販売に参入したのは後発ではあったが，このビジネスモデルの成功で，2003年第3四半期に世界市場において第1位シェア（台数ベース，米IDC社調べ）を達成している．ほかの製造メーカでは，古いビジネスモデルを捨てきれないため業績を伸ばすことができず，BTOのビジネスモデルを導入した企業とそうでない企業とが明暗を分けることとなった．このため，現在では，ほかのパソコンメーカもWebページからの注文を受け付けるBTOモデルの販売も行うようになってきている．

3. オーダメイドビジネス

BTOでは，いくつかの選択肢に合わせて部品を組み合わせて製品がつくられるが，顧客独自のデザインの商品を販売することをビジネスで行っている企業もある．注文生産によるオリジナル商品の製造・販売は，不特定多数に対するビジネスではない．注文を受け付けるためには広告を行う必要があり，これまでは新聞や雑誌などのマスメディアに広告を出す方法が主流であったが，オリジナル商品を求める消費者は限られるため，そのような広告は非効率的であった．

しかし，Webページでその広告を行い，検索サイトで検索されることで，全国のどこからでも検索されるようになり，ビジネスを拡大することができるようになった．

例えば，顧客の要望によりオリジナルの万年筆を製作するある老舗の店が，万年筆利用者の減少に伴って売上げが落ち込み，苦しい経営を余儀なくされていた．店では広告を出さず，その店を古くから知る愛好家だけがその店の顧客であり，その店の前を通りかかる人だけが知るという店であった．社長は，万年筆に愛着をもっており，これまで製作した芸術品ともいえるオリジナル万年筆の美しさを広く知ってもらいたいと，それらを写真に撮り，Webページで公開した．その結果，ぜひオリジナル万年筆をつくって欲しいという注文が全国から多く寄せられ，経営危機を乗り越えることができた．

消費者のニーズや好みが多様化し，自分しかもっていないオリジナル商品をもちたいという欲求はあっても，そのような商品を製造している企業は中小企業が多く，それらの会社を探すことは難しかった．しかし，Webページの検索サービスを用いれば，大量なWebページから目的のWebページを世界中から検索することができる．たとえオリジナル商品を求める顧客の割合が少なくても，注文を受けられる範囲が広くなれば注文は多くなり，独自性があればビジネスとして成り立つのである．

4. ダイレクト販売

メーカによって製造された製品は，通常，製造メーカから問屋に

卸され，その後小売店に卸され，消費者に販売される．このため，製造メーカが消費者を特定することはできない．

これに対し，製造メーカのWebページで商品の注文を直接受け付け，注文を受け付けた製造メーカは製品を直接消費者の元に届けることが行われている．

このように製造メーカがWebページで製品の注文を受け付け，メーカは直接製品を消費者に配送することをダイレクト販売という．ダイレクト販売は消費者にとって，中間マージンのない分安く商品を購入することができるというメリットがある．製造メーカにとっては，消費者と直接売買を行うため，消費者の住所や名前などの顧客情報を入手することができるというメリットがある（図4.2参照）．

製造メーカが購入した個人を特定することができれば，その個人に対して，直接ダイレクトメールなどを送り，効果的な広告を行うことが可能となる．また，購入実績を分析することで，どの商品を組み合わせて購入しているかということもわかる．例えば化粧品の場合，どの化粧品とどの化粧品を組み合わせて利用しているのか，自社の製品で使われていないものは何があるのかを知ることができ，それを商品企画の戦略に生かすことができる．この販売の分析

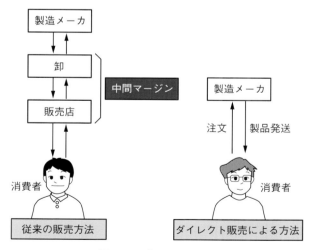

図4.2　ダイレクト販売

データは，店舗で販売を行う販売店員の販売ノウハウにもなる．顧客の年齢や好みにより，どの商品とどの商品を組み合わせて商品紹介を行ったらよいかのデータとなるのである．

小売店が販売していたときには，顧客の情報は小売店には蓄積されても，メーカがその情報を直接入手することは難しかった．しかしダイレクト販売により，メーカはどの顧客が何の商品を購入しているかの情報を得ることができ，その情報をもとに，新製品の開発や効果的な広告宣伝を行うことができる．

5. アプリケーションサービスプロバイダ

ワープロを利用する場合，ワープロのソフトウェアを購入する必要があるが，ワープロを毎日使う利用者にとっては必要な買い物であっても，年に1回年賀状を作成するときにしか使わない利用者にとっては高い買い物となる．

仕事を依頼する場合，その者を採用し所定の時間勤務を行わせ，毎月給料を支払う方法と，必要なときだけ業務を依頼し，その作業にかかった分だけ給料を支払う方法とがあるのと同じように，ソフトウェアを使った分だけ料金を払うというサービスがある．アプリケーションソフトウェアを使った分だけ支払うというサービスを提供している企業を，**アプリケーションサービスプロバイダ（ASP）**という*．

ASP：Application Service Provider
＊8.2.2 参照．

アプリケーションソフトウェアとしては，統合業務ソフトウェア（**ERP**）などがある．統合業務ソフトウェアの導入には多額の費用がかかるだけでなく，企業内にそのサーバ用のコンピュータを設置し，その維持管理を行う必要も生じる．中小企業の場合でも，財務会計や人事管理，顧客管理などが必要であるが，そのために統合業務ソフトウェアを導入することは大きな負担となる．しかしASPを使うことにより，利用者はインターネットを通じてASP業社にあるアプリケーションソフトウェアを使うことができ，利用者は，ソフトウェアの購入や更新，コンピュータの維持管理などの手間を省くことができ，安価にそのソフトウェアを使うことができる．ASP業者は，そのソフトウェアを使った分だけの使用料を請求する．

ERP：Enterprise Resource Planning

ASPの例として，3.9節で述べたWebページを参照しながら学

4.1 インターネットによる新しいビジネスモデル

習を進める **WBT** がある．企業は WBT を導入する場合，教材を一括購入し，企業内のイントラネットにそれを配置し，社員が自由にその教材にアクセスして学習を進める方法と，ASP による導入方法とがある．ASP の場合，教材は，教材を販売している企業の Web ページにあり，インターネットを経由してその教材にアクセスして学習を行うことになる．このとき，ユーザ ID とパスワードを入力する必要がある．WBT の ASP のサービスを受けるためには，教材を販売している会社に対して WBT 教材の利用料を支払い，利用するときに必要なユーザ ID とパスワードの発行を受けることで一定期間利用することができる．

　Web ページによるサービス提供の場合，パスワードによる保護が可能であり，利用者の特定や，利用時間に応じた使用料を請求することが容易に実現できるという特徴がある．利用する側にとっても，利用した分だけの請求であるため，むだを省くことができるというメリットがある．

　クラウドも同様に，インターネット上のサーバやアプリケーションソフトウェアを利用料を支払って利用できるサービスである．

▌6. Web ページによる商品の販売

　インターネットで書籍や音楽 CD，DVD，ソフトウェア，家電，食料品，生活雑貨などを販売している Web サイトがある．

アマゾン：
amazon.com

　アマゾンは，代表的な Web ページでそれらの商品を販売している企業である．海外からでも書籍の注文ができるだけでなく，書籍の割引販売のサービスを行い，事業を拡大してきている．アマゾンは，1995 年に物理的な店舗による従来型の書籍販売の非効率性に注目し，ジェフ・ベゾス氏によって書籍のオンライン販売から開始された．アマゾン設立当初は，シアトルの倉庫でインターネットを利用した高度な書籍検索機能サービスと低価格を武器にオンライン販売を行っていた．

　アマゾンは，設立当初は赤字が続いていたが黒字に転換し，現在も急激に事業を拡大し続けている．赤字続きだったアマゾンがなぜ，投資家から投資を引続き受けることができていたか．その一つに，アマゾンがもつ顧客情報の資産があげられる．書籍を Web で

注文を受け付ける場合，書籍名と個人とを特定することができる．誰がどの書籍をいつ購入したのかのデータを得ることができる．このデータが将来の大きなビジネスにつながるのではないかという期待がある．アマゾンで同じ商品を購入した人の購入履歴を分析し，おすすめの商品を自動的に紹介するシステムがあり，レコメンドという．

　また，どのような書籍を読んでいるかによって，消費者の趣味趣向を知ることができる．もしペット関連の書籍を購入していれば，ペットを飼っている可能性は高いと考えられ，釣りの関連の書籍を購入していれば，釣りの趣味があると考えられる．また，コンピュータ関連の書籍を読んでいれば，コンピュータを所有している可能性は高い．自動車に関連した書籍を読んでいれば，自動車の買い替えを検討している可能性が高く，家の建築に関連した書籍を読んでいれば，家の購入や増改築を検討していると考えられる．

　住宅の販売を行っている企業にとって，住宅の購入や増改築を考えている人の情報は効果的に営業活動を行うためにたいへん有用なデータとなる．自動車を販売している企業にとっては，どのような自動車関連の書籍を誰が読んでいるかの情報を入手することでより効果的な販売戦略を立てることができる．すなわち，アマゾンのWebサイトから得た個人情報をほかの企業が活用することができればビジネスを拡大することが可能となる．

　企業単独でWebページにより商品を販売しても，消費者からWebページが検索されないということもある．このため，各社のWebページを一堂に集めた商店街・モールがつくられている．購入したいものが決まっている場合には，その商品を直接検索エンジンで検索することが可能であるが，贈答品を決める場合など，どのような商品を贈るか決めかねている場合には，モールでさまざまな商品を見たり，レコメンドにより見つけることができる．

7．Webページによる受注の受付け

　小売店が従来，電話で商品の受注を受け付けていたのをWebページで注文を受け付けるようになるとさまざまなメリットがある．例えば，小規模な酒屋の場合，商品の注文を電話で受け付けると，

電話を受けている間，店頭での販売業務を中断しなければならない．注文を FAX で受け付けた場合，販売業務が中断されることはないが，そのデータを集計するためにコンピュータへのデータ入力を手作業で行う必要がある．しかし Web ページで注文を受け付けていれば，店舗の閉店した後に一括して処理を行うことができるだけでなく，注文の電子データをそのままコンピュータに入力し，集計を行うことも簡単にできる．

受注データがコンピュータに入力されていれば請求書の発行や，未集金のチェックを簡単に行うことができる．また仕入れを行うときに，前月に売れた商品の数量を容易に集計できるため，どの銘柄のものをどのくらい仕入れたらよいかの大まかな数値を予測することができる．さらにコンピュータで銘柄ごとの売上げ傾向を分析すれば，在庫や品不足が生じない程度にどれだけ仕入れたらよいかを予測することができる．

注文する消費者にも，24 時間いつでも注文ができるというメリットがある．

■8. インターネットオークション

インターネットオークション：internet auction

家の中で余っているものや不要になったものを簡単な手続きで手軽に他人に売ることができるというサービスを Web ページで行っているものがある．その一つが**インターネットオークション**である．インターネットオークションを行っている Web ページをオークションサイトという（図 4.3 参照）．

オークションに出品したい人は，その出品したいものの情報をオークションサイトで登録を行う．そのものの品名，最低入札価格，入札期限，商品の写真などを登録する．登録された情報は，オークションサイトに登録が行われ，入札期間の間，落札者が検索できるようになる．

落札者は，オークションサイトを検索し，自分の欲しいものがあれば，それに入札を行う．この場合，すでに入札が行われている価格よりも高い金額でないと入札を行うことはできない．

入札期間が終了した時点で最も高い入札金額で入札を行った者が落札者となる．オークションサイトでは，出品者に落札者への連絡

図4.3 インターネットオークション*

*Yahoo!オークション（http://auctions.yahoo.co.jp/）

先が通知され，落札者へは出品者の連絡先が通知され，その後，出品者と落札者との間で，出品したものの受渡しと代金の支払い方法が話し合われる．

　インターネットオークションには個人で出品をしていることが多いが，個人ではなく企業が出品をしているケースもある．企業が新聞や雑誌などで広告宣伝を行うには多額の費用がかかる．一方，Webページを開設していれば検索される可能性もあるが，積極的な販売方法とはいえない．それに対しオークションに企業が参加することは可能であり，安価な値段で自社の商品を宣伝できるため，自社の商品をオークションサイトにより販売を行うという企業もある．

9. エスクローサービス

エスクローサービス：escrow service

　インターネットでの商取引を行う場合，商品の受渡しや代金の入

金に関するトラブルが発生することがある．特にインターネットオークションの場合，出品者においては，落札者に落札したものを送付したにもかかわらず代金が振り込まれない，またその逆に落札者が出品者に代金を振り込んだにもかかわらず落札したものが送られてこないといったトラブルがあった．

このトラブルを回避するための一つの方法が**エスクローサービス**を活用する方法である．エスクローサービスとは，図4.4のように，出品者と落札者との間に入り，代金と品物の受渡しのトラブルをなくすためのサービスである．

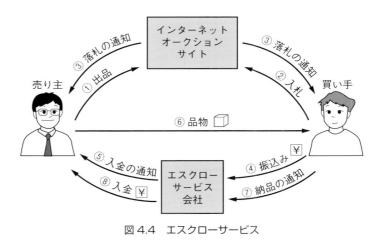

図4.4　エスクローサービス

エスクローサービスでは，落札をした人はエスクローサービス会社に手数料を含む代金を振り込む．エスクローサービス会社は，出品者に対して落札者から代金が振り込まれたことを伝える．出品者は，その連絡を受けて，落札者に品物を発送する．落札者は，品物を受け取ったことをエスクローサービス会社に報告を行う．その報告を受けた後，エスクローサービス会社は落札者より振り込まれた代金から手数料を差し引いた金額を出品者に振り込む．

エスクローサービスを利用するためには手数料がかかるが，安心して品物や代金の授受を行うことができるというメリットがある．

落札者にとっては，お金を支払ったのに品物が届かない，落札したものと異なる品物が届けられるというトラブルを回避でき，出品

者にとっては，品物を送ったのに代金が振り込まれないというトラブルを回避できる．またエスクローサービス会社によっては，商品を集荷に来てくれるものもあったり，銀行まで行かずに入金確認ができたりするものなどがある．また支払いをクレジットカードや分割払いで行うことのできる会社もある．

　オークションでの出品者や入札状況は匿名を使うことができるが，落札後はお互いの品物のやり取りなどが発生するため，お互いの氏名や住所が明らかになる．しかし，エスクローサービスを使うことで，お互いの氏名や住所を明かさずに取引ができるというメリットもある．

10. 逆オークション

　オークションでは，出品されたものに対して落札者が値段をつけるが，その逆に品物を欲しい人がどの金額で欲しいかをインターネットで公開し，その金額に対して業者が入札を行うというものを**逆オークション**という．

　品物を欲しい人が逆オークションに参加する前に，逆オークションを主催する業者が，その入札に加わるであろう業者を事前に登録する．品物を欲しい人が逆オークションに参加してきたら，その条件をあらかじめ登録された業者にその情報を提供し，その中で最も安い値段をつけた会社がその逆オークションに参加してきた人に対してその品物を販売する権利が与えられる．

　この逆オークションは，米国においてビジネスモデル特許（プライスライン特許）として認められている*．

*2.5.3 参照．

4.2　インターネットによる広告ビジネス

1. Web ページによる企業広告

マスメディア：
mass media

　商品の広告を行うには，従来，テレビや新聞などの**マスメディア**や，雑誌の広告などが多く用いられてきた．これらの広告宣伝にかかる費用は，中小企業にとって大きな負担となっていた．これに対し，ホームページの開設は安価で，ホームページ作成用のソフトウ

ェアなどを用いれば専門的な知識を必要とせずに Web ページを作成することができる．

　Web ページによる広告や販売は地域の壁を越えるため，消費者の求める商品やサービスを提供することができれば，たとえ地方の中小企業であっても，ビジネスチャンスを得ることができる．高機能で安価な商品を求める消費者にとって，企業の規模（従業員数や資本金額や売上金額など）は商品を選択するうえでの大きな要因とはならない．このため，独自の技術や商品をもっている中小企業にとっては，ビジネスチャンスとなっている．

2. 商品の詳細な情報の公開

　商品が高機能化したことで，販売店でその商品を見比べても優劣を判断することが難しいことが多い．このため，商品を購入する前に，競合する商品の機能を詳細に調べてから商品を購入するという購買スタイルに変わってきている．

　紙ベースのカタログでは紙面が限られ，十分に詳細な情報を伝えることはできない．また紙面では，動きのある動画などを伝えることができない．このため，企業は消費者の詳細な情報を求めるニーズを満たすために，その企業が販売している製品やサービスの詳細情報を Web ページにより公開している．Web ページを活用することで，静止画や音声，ビデオによる動画などで消費者に詳細な製品に関する情報を伝えることが可能だからである．消費者は Web ページからカタログや書籍よりも多くの情報を得ることができるようになってきている．

　このため，消費者は商品を購入する前に，競合する商品の詳細な情報を Web ページから検索をし，どの商品を購入するかを決めるということが行われてきている．消費者は Web ページを検索して商品の比較検討を行うため，企業が販売している製品やサービスの内容を Web ページで紹介することは付加的なサービスではなく，たいへん重要な広告メディアとなってきている．

　消費者は Web ページを開設していない企業の商品を検索することは当然できない．このため，消費者にとって，Web ページで紹介されていない商品については比較検討の候補にはなり得ない．ま

た，消費者が求めている情報を掲載できなければ，企業にとっては販売の機会を失うことになる．

　消費者にとって，物理的にその企業が存在していても，Webページのない企業は存在しない企業とみなされてしまうのである．

▍3．Web ページに広告を掲載

　Web ページに広告を載せるというビジネスもある．多数のアクセスがある Web ページには帯状の広告をよく見かける．これを**バナー広告**という．この帯状の広告をクリックすると広告主の Web ページが表示され，より詳しい情報を得ることができる．このとき，どの Web ページからクリックされたかが集計されており，Web ページで広告を掲載していた者に対し，クリックされた回数に応じて広告主から広告収入が支払われる．なお，おおよその広告収入は，1 クリック当たり 10～30 円程度である．また Web ページを見た人がバナー広告をクリックする確率は，0.2％程度といわれている．また，クリックされた数に応じて報酬を得るものをアフィリエイトという．なお，アフィリエイトの収入が月 3 万円以上の者は 3％程度といわれている．

> バナー：banner

▍4．メールマガジンによる広告

　企業の Web ページを顧客が見て商品に対する情報を得るためには，顧客が Web 上の情報を検索し，見にいくという動作が必要になる．このような動作が必要なものを **PULL 型メディア**という．

　これに対して，顧客の意思に関係なく，情報が次々に送られてくるものを **PUSH 型メディア**という．登録されたユーザに対して定期的に電子メールによる情報提供が行われるものを**メールマガジン**またはメルマガという．メールマガジンは PUSH 型メディアの代表的なもので，その電子メールを受け取る本人の自由意志により受取りを拒否することもできる．

　企業から広告として定期的に送付されてくるメールマガジンは，消費者にとってその企業のもっている最新の情報や役立つ情報の提供を無料で受けられるというメリットがある．企業側にとっても，顧客に対して最新の情報を提供することにより，その製品に対する

関心を高めることができ，販売促進につながるというメリットがある．

企業のメールマガジンによる広告では，新製品の情報，新製品のPR，既存の製品に関する関連情報，企業イメージを高めるようなPR，顧客にとって役立つ情報などが定期的に配信される．

企業が製品に対する広告を行う場合，このPUSH型メディアとPULL型メディアのそれぞれの特徴を生かした使い分けをすることが効果的な広告となる．

4.3 インターネットによる検索サービス

1. インターネットでパートナー企業を探す

近年，企業の業務や抱える問題が複雑化してきており，その問題を解決するための技術やノウハウのすべてを自社がもつことは不可能になりつつある．このため，複数の企業が協力して問題解決にあたることがある．このとき，どの企業と協力すれば問題解決が可能かを見極めることが重要となる．

パートナーシップを築く企業を探すときに，Webページの検索サイトを用いる．検索サイトから必要な技術やノウハウをもっている会社を検索する．このため，企業はWebページでその企業がもっている技術やノウハウ，特許などを公開している．公開していない企業は，他社からの協力依頼を受けることができず，その企業がもっているノウハウなどを生かすことができず，ビジネスチャンスを逃すことになる．このため，企業がインターネットで情報公開することは，ビジネスを進めるうえで不可欠となりつつある．

2. スマホを使ったビジネス

スマホにはGPSの位置情報があり，スマホのアプリを使った新しいサービスが広がりつつある．

飲食店のクーポンを集めたアプリでは，現在位置から近い飲食店を表示することができる．近くの宿を見つけて，予約したりすることもできる．

しかし，スマホの位置情報をアプリに提供することは，誰がどこにいるかという情報を提供することであり，その個人情報が漏えいしてしまうリスクがある．

スマホを使うことでさまざまな便利なサービスを受けることができるようになっているが，一方で情報漏えいした際のリスクも大きくなっているのである．

■3. 企業がWebページで行っているさまざまな無料の検索サービス

企業のWebページでは，無料で検索のサービスを行っているものがある．また，これまでは入手できなかった情報をインターネットから無料で入手できるWebページもある．以下にその一部を紹介する．

鉄道会社などのWebページでは，行き先ルートの検索（乗換え案内）や旅費計算のサービスを無料で提供されている．列車の運行状況の確認や終電のチェックなどもWebページからできるし，航空会社のWebページからは，空席状況の確認やチケットの購入，座席予約を行うことができる．

地図の検索サービスを行っているWebページもある．住所または郵便番号などを入力すると，その場所の地図を見ることができる．

NTTから年に1回近隣のタウンページが紙ベースで配布されるが，NTTのタウンページのWebページでは，全国のタウンページの検索ができる．お店の種別や場所や店名などを入力すれば，その店の電話番号や住所を知ることができる．銀行のスマホのアプリを用いれば現在位置から最も近いATMを知ることができる．

宅配業者のWebページでは，宅配便が現在どこまで配送されているのか，先方に荷物が無事届いたかどうかを確認できるサービスを行っている．検索方法としては，宅配便を送付したときに荷物のID番号が知らされる．この番号をWebページで入力することにより，現在どこの集配所にあるかを確認することができる*．

*3.4.1参照.

4.4 大学でのインターネット利用

1. 大学がWebページで講義内容を公開することの意味

　大学や高校，中学，小学校などWebページを開設している学校が数多くある．大学のWebページの場合，Webページで想定している読者は，その大学を受験しよう考えている受験生，その学校に通う学生，その学校で教える教員などである．

　受験生に大学で教えている内容の紹介や，大学の所在や設備などをPRするためにWebページが活用されている．Webページで**シラバス**を公開しているところも多く，授業の概要をインターネットで知ることができる．少子化により大学や専門学校の競争は激化しており，ほかの学校にはない魅力をWebページで紹介することで，差別化を図ろうとしている．その学校にしかない特徴や特色などを公開することは学生を確保するために不可欠となっている．

シラバス：
syllabus（講義概要）

　シラバスの公開により，その大学に通う学生が容易に授業内容を調べることが可能となった．このことにより，シラバスを印刷する経費を節約することができるようになった．

　Webページでシラバスを公開することにより，他大学の講師が，同様な講義を教える場合，その内容を考えるときの参考とすることもできるようになった．またインターネットにシラバスを公開することは，大学の情報公開の一環として行われており，授業内容の質の向上にもつながっている．

　MOOCといい，授業内容を無料で視聴できるものもある．著名な教授の授業をインターネット上に公開し，大学のPRとしている．

2. 学内の情報連絡にインターネットを活用

　大学のなかには，突然の休講に対して，インターネット上の大学のWebページにある電子掲示板に掲載するだけでなく，各学生に休講の連絡を電子メールで行っている大学もある．電子メールで休講の知らせを受けることにより，突然休講になったとしても，学生は大学に行く前に休講になったことを知ることができ，無駄足を踏むことがないというメリットがある．災害発生時の安否確認もイン

ターネットや電子メールで行われている．授業の履修登録や成績の確認などを学生は自分専用の Web ページで行うことができるようになってきている．

■3. インターネットを使った遠隔授業

各家庭からインターネットに接続する回線も，**ブロードバンド**が普及し，スマホもデータ送受信の速度が高速化してきており，**リアルタイム**で映像を送受信することができるようになってきている．このため，自宅のパソコンやスマホを使って，遠隔で講義を受講することが可能となってきている．受講者は，遠隔の講義を受けるため専用のソフトウェアをインストールする．質問したい場合には質問のボタンをクリックすることで質問の権利が与えられ，パソコンのマイクを通して質問でき，その質問が寄せられていることが講義を行っている講師の手元のコンピュータに表示される．質問を受け付けるとその質問内容がその講義を受けているすべての受講者に伝えられ，講師の回答も講義を受けている受講者が同時に聴くことができる*．このような講義がすでに行われている．この形式の講義では，時間の制約を受けるが，場所の制約を受けないことと，リアルタイムに講師に質問ができるというメリットがある．このような学習形態を**ディスタンスラーニング**という．

大学の講義においてディスタンスラーニングが広がり，近い将来，インターネットを使って世界中のどこからでも，大学に接続し，どこの大学の講義でも受けることが可能となり，在宅学習が普通に行われるようになるであろう．また，過去の講義データは電子データとして大学のサーバに蓄積しておくことができる．このため，講義の時間に講義を受けることができなくても，インターネットからその録画データを再生することができ，いつでもどこからでも講義を受けることができるようになりつつある．

ディスタンスラーニングにより，通うことの不可能な大学の講義を受けることが可能となる．現在，その大学のキャンパスがどこにあるのかが大学を選ぶときの条件にあるが，ディスタンスラーニングが普及したら，キャンパスの場所は大学を選ぶときの条件ではなくなる．自宅でも大学のキャンパスでも講義を受講できるようにな

ブロードバンド：broadband

リアルタイム：real time

＊図 3.8 参照．

ディスタンスラーニング：distance learning

れば，大学の教室も小さなものですむようになり，将来，教室や広大なキャンパス自体が不要になることもあり得るのである．

▍4. 就職情報を得るためにインターネットを活用

学生が就職活動を行ううえでインターネットを欠かすことはできない．インターネットで企業の採用 Web ページを参照することができなければ会社説明会にさえ参加できない企業も現れてきている．もし Web ページを見る環境がなければその企業に就職することはできないのだが，逆にその企業の採用パンフレットが大学になくてもインターネットに接続できる環境があれば応募できるというメリットもある．

▍5. 各学生が自分の Web ページをもつ意味

ある大学では，学内専用のネットワークに学生が自由に Web ページを開設できるだけでなく，インターネットから参照できる Web ページの開設を自由に行えるようにしている．各学生が自分の Web ページを開設するようになるということは，これまで常識としてきたことが常識ではなくなる可能性を秘めている．以下に就職活動の例をあげる．

現在の就職活動は，学生が就職したい企業をインターネットで探し，企業は応募してきた学生を選抜するという就職活動モデルで行われている．しかし多くの学生が自分の Web ページをもち，自分のやりたいことや専門知識などを公開するようになったら，企業が欲しい学生をインターネットで探し出すことが可能になる．

これまで企業は，応募してきた学生の中から優秀な学生を選抜し，採用してきた．しかし，企業が採用したい学生を Web ページで探し出すことが可能になれば，その学生に対して応募を呼びかけることができるようになる．企業にとっては，応募してこない学生のなかで，優秀な学生を採用することも可能となり，より優秀な学生を採用することができるようになる．

このように，企業が各学生の Web ページを見て，その学生に応募を呼びかけるようになると，学生は企業と個別に交渉を行い，応募してきた企業を学生が選抜するというこれまでとは逆の就職活動

モデルが可能になる．

このような採用方法は，企業にとって，優秀な学生を採用でき，学生にとっても一律に採用されるのではなく実力のある学生は好条件で入社できるというメリットがある．これまで一律に採用条件を定めていたが，企業はどうしても採用したい学生に対しては個別に高い採用条件を設定することが必要となり，これまでの一律な条件の採用というものが意味のないものになる．近い将来，「初任給」という言葉が死語になるかもしれない．

この就職活動モデルはインターネットにより容易に自己PRを行うことができるようになったことで可能となったモデルである．インターネットは単なる情報入手の手段や連絡の手段が変わっただけでなく，常識とされてきた社会のさまざまなモデルのあり方をまったく異なるモデルへと変えてしまう可能性を秘めているのである．

演習問題

問1 企業がWebページを開設する場合，どのようなメリット，どのようなデメリットが考えられるか述べよ．

問2 インターネットを活用したビジネスをまだ行っていない特定の企業を例に，インターネットの技術を活用した場合，どのようなビジネスモデルが可能となるか，そのビジネスモデルの実現には，どのようなことが課題として考えられるか，そのビジネスモデルを実現した場合に，その企業にとってどのようなメリットがあるかを述べよ．

第5章

働く環境と労働観の変化

　情報技術やインターネットの活用により，インターネット上の仮想的なネット企業が競合会社となるなど，これまでの企業のビジネスモデルが大きく変わってきている．このため，これまでの仕事の内容や，環境も大きく変わりつつある．新しいビジネスが次々と生まれてきているなかで，情報システムに関する基礎的な知識が求められるなど，企業が必要とする人材像も変わってきている．

　この章では，情報技術やインターネットによって，私たちの仕事の内容や働く環境がどのように変化してきているのか，それにより，求められる人材像がどう変わってきているのか，そして労働観についてもどのように変わりつつあるのかを学ぶ．

■5.1　働く環境の変化

■1. 企業のアイデンティティ

　インターネットの普及により，場所という障壁を超えてインターネット上の企業が競争するようになった．消費者は近くの店から品物を購入するのではなく，インターネットで求める商品を探し，より安くその商品を販売している店をインターネットから探し，購入

するということが簡単にできるようになった．

このため，インターネットで検索が行われた場合，その販売店がインターネットで消費者から他店と比較されても，何らかの優位性が認められることが必要なのである．消費者にとっては，欲しいものが安く早く手に入ればよいのであって，インターネット上で購入をするのであれば，その販売店が物理的な店舗を持っているかどうかは問題ではないのである．

これまで，店の場所というものがその店の**アイデンティティ**の一つであった．しかし，インターネットでは場所は問題ではないため，企業は場所以外の何らかのアイデンティティが必要となっている．すなわち，この社会のなかでその企業が存在する価値があるかどうかが問われる社会へと変わりつつある．

社会のなかで，企業はほかの企業と比較して優位性がなければ生き残ることができなくなりつつある．各企業が，自社の強みと弱みを把握して，その強みを生かしたビジネスを展開することが必要とされている．

アイデンティティ：identity

2. 個人のアイデンティティ

企業のアイデンティティが求められるのと同じように，企業の中で，個人のアイデンティティが求められるようになってきている．会社から必要とされているか，社会から必要とされているかを各社員が自覚して，働くことが求められている．社会のなかで企業の存在価値が問われるようになってきているように，社員も企業のなかでの存在価値が問われている．

企業の競合はますます厳しく，ビジネス環境は大きく変化しているが，必要とされる人材も変わってきている．これまでと同じ仕事をしていれば定年まで安泰という時代ではなくなり，誰でもができる仕事をするのではなく，自分しかできない高い専門性が働く者にとって必要となってきている．

3. 専門性の向上と資格取得

誰でもできる仕事をしていたのでは，他社との競合に勝つことはできない．そのため個人のアイデンティティが求められるようにな

り，各社員が高い専門性をもつことが求められるようになりつつある．一人ひとりが他者と差別化できる自分の専門をもち，企業ではそれを結集したときに，他社ではできないサービスや商品を生み出すことができるのである．

このため，中途半端に何でもできる人ではなく，特定の分野での専門性を身につけ，各業務での**プロフェッショナル**となることが求められている．

プロフェッショナル：professional

企業の中では，専門性を磨き，プロフェッショナルとなるための教育も行われているが，各自がまず自分の強みと弱みを分析し，自分の将来のビジョンを自分で描き，それに向かって努力することが求められている．

高度成長時代においては，就職は就社であり，定年まで就職した会社に勤めるということが一般的であった．しかし，企業の寿命も短くなり，企業の分割や統廃合がダイナミックに行われている現代においては，一度就職したらその会社が定年まで面倒をみるということが難しくなってきている．自分で自分の将来ビジョンを描くことが必要になってきている．

専門性を高めるためには，自分の専門領域をどこにおくのかということをまず決める必要がある．例えば，ソフトウェア開発の仕事の場合，顧客からの要望を聴いて顧客の立場に立ったシステムの企画書や提案書を作成することを行う人もいれば，システムの技術的な設計を行うシステムエンジニアもいるし，プロジェクトが順調に進められるように製造されるものの品質やコスト，期間などの管理を適切に行うプロジェクトマネージャもいる．

各専門家により必要となる能力や資質は異なる．このため，自分の資質をよく見極め，自分にあった専門領域を見つけ，その分野での専門家となることが求められている．

専門家としてのキャリアを積む一つの方法に，資格をとることがあげられる．専門領域の専門性を問う資格に対して，果敢にチャレンジすることも必要である．資格には，国家資格のほかに，民間企業が認定を行う資格がある．例えば，経営戦略に基づいてIT戦略を策定するための資格として，**ITストラテジスト**，システム開発の上流工程の分析や企画をするための資格として**システムアーキテ**

クト．プロジェクトの管理を行うためには**プロジェクトマネージャ**，ネットワークやデータベースの構築に関する専門知識を問うものとして**ネットワークスペシャリスト**，**データベーススペシャリスト**，**情報セキュリティスペシャリスト**などがある．

ベンダー：vendor

　民間の企業が認定を行う資格を**ベンダー資格**という．データベースのパッケージを販売している業者が行っている資格や，ネットワークのセキュリティを確保するために使われるルータという装置を製造販売している業者が行う資格などがある．

■4．人事制度の変化

　これまでの人事制度では，定年まで就職した会社に勤めることを前提とした制度となっていた．しかし，企業においては各社員の専門性を問うようになり，自分の専門性を高めるために転職を行う者も多くなっている．

　給与体系も，年齢が上がるに従って給与が上がるという年齢給から，能力や業績に比例して給与が高くなる給与体系に変わってきている．新しい給与体系の一つとしては，定年時に支払われる退職金を毎月の給与として支給を受け，定年時に退職金を受け取らないという選択肢を設けている企業もある．

　会社に対してどのような貢献を行ったか，どのような成果をあげたかにより給与を定める企業や，年俸制をとる企業も増えてきている．

　過去においては，企業内において役職（課長，部長など）が上がることが社員の目標となっていたが，各業務の専門領域の専門性を示すレベルを定め，その専門性を高めることが目標となっている企業も多い．

　また，各個人にはそれぞれ個別の能力や資質があるが，その資質にあった専門分野で働けるようにするため，各職場で求められる資質を公開し，自分の資質に合わせて，その公開された情報をもとに，社内の異動，人材配置が行われている企業もある．

　これからの人事制度では，会社のために自己を犠牲にするのではなく，会社の発展と個人の専門性の向上との両方を目指すことが求められている（Win-Winの関係）．すなわち，各社員が自律をし，

自分のキャリア開発は自分が主体的に行い，企業は個人の専門性の向上を支援し，その専門性の向上により新しいビジネスや高付加価値ビジネスが可能となり，企業がより発展するという構図が必要となってきている．

5. ビジネスのグローバリゼーション

グローバリゼーション：globalization

インターネットの普及により，海外の企業と提携をしてビジネスを行うことも増えてきている．世界のトップ技術をもった企業と提携を図ることで，世界の中での優位性を確保することが必要となっている．また国内の企業でも，海外との取引の多い企業においては，企業内では英語を使ってコミュニケーションを図っている企業もある．

グローバル化というのは英語が話せるということではなく，他国のビジネスのやり方（商習慣）やその国の文化を知り，相手の得意なところを生かして協調し，仕事を行うことを指している．宗教の違い，文化の違いを乗り越えて同じ目標に向かって仕事をするための環境づくりができることが企業に求められている．

6. ビジネスのスピード化

ビジネスサイクルが短くなり，経営のスピード化，ビジネスのスピード化が求められている．

例えば，従来であれば，顧客からの要望に対し，その解決を図るためにもし24時間の時間が必要だとしたら顧客に回答するまで2〜3日の日数を必要としていた．しかし，他国に支店をもつある企業では，顧客の問題解決を早く行うために，別の方法が取られている．すなわち，まず，米国の支社の技術者がその問題の解決にあたる．8時間の間に問題解決ができなければ，途中経過の資料を添付して日本の支社の技術者に送付する．日本の技術者はその問題解決に取り組むが，もし8時間で問題解決に至らなければ，その途中経過を添付して欧州の支店の技術者に送付する．欧州の技術者がその問題を解決できるならば，1日で問題解決できたことになる．一人の人が一つの問題解決にあたるのではなく，問題解決のスピードを優先して，時差の異なる三人が分担をすることで素早い問題解決を

顧客に提供することができるのである．

　顧客に提供するサービスや商品の評価尺度には，品質，価格などがあるが，現在のようにビジネスサイクルが短くなり，ビジネスの変化が激しい時代にあっては，スピードが最も重視される．他社よりも早く新サービス，新商品を出すことが競争の優位性を保つためにたいへん重要となっており，スピードを重視した経営が必要となってきている．

5.2　職場環境の変化

1．在宅勤務

　情報技術やインターネットにより，働く環境も大きく変わりつつある．ブロードバンドのインターネットを家庭でも安価に使うことができるようになり，動画などを**リアルタイム**に送受信することができるようになった．

リアルタイム：
real time

　映像と音声を使って，遠隔地の者どうしが会議を行うテレビ会議も行われている．コンピュータに向かって文書を作成する仕事であれば，特に会社でなければできないということもなく，自宅でも仕事をすることが可能である．

　このため，在宅で仕事をするという，**在宅勤務**が行われている企業もある．在宅勤務であれば，通勤時間を削減することができるだけでなく，専門性をもった社員を有効に活用することが可能である．

　在宅勤務の場合，勤務時間で給与が支払われるのではなく，成果や業績により給与が決められる．このため，勤務時間の制約を受けることがなくなる．打合せの時間などを除けば，好きな時間に仕事をし，好きな時間に休憩をとることが可能となる．

　例えば，工業デザインの専門的な技術をもった人が国内には見つからず，海外に見つけることができた場合に，その専門家に海外でも仕事ができるように在宅勤務で仕事を依頼することがある．デザインの打合せは，商品の動画の映像を見ながらテレビ会議で行うことができる．コンピュータにより作成されたデザインは，そのまま電子データとして電子メールに添付して送付することが可能である．

2. SOHO

SOHO(ソーホーと読む)とは,小規模な事業者や個人事業者のことであるが,事務所などを離れインターネットを利用して仕事をする形態をいう.インターネットを活用すれば,自宅などの一角をオフィスに改造し,そこで仕事をすることができる.また,マンションの一室などを借り,そこに小さなオフィスを設置して仕事をすることも可能である.

職場のすべてを本社に集約するのではなく,移動時間の短縮や,顧客への対応の迅速化を図るため,小さな事務所を構えて業務を行うことができるようにすることが必要となってきている.

このため,インターネットや情報の共有化を行うための**グループウェア**などが利用される.

通勤時間を短縮し,その地域に住む者がその地域に設置された小規模なオフィスで業務を行うことを**サテライトオフィス**という.

> SOHO：Small Office Home Office
> グループウェア：groupware
> サテライトオフィス：satellite office
> モバイル：mobile

3. モバイルオフィス

モバイルとは,可動性の,移動式の,という意味である.ノートパソコンやタブレット型パソコン,スマホなどを使い,外出先や自宅などから,インターネットを通じて情報をやり取りすることである.

ノートパソコンを使い,電子メールのやり取りや,社内の**イントラネット**へのVPN接続を行い,外出先から社内のデータベースへアクセスすることが可能となった.

> イントラネット：intranet

例えば,営業担当者が外出先で商談をする場合,顧客からの注文に対して在庫があるかどうか,いつ納入できるかを確認する必要がある.従来ではその営業担当者がその日の夕方に営業所に戻り,顧客からの要望の数量を確保できるかどうかを自席のコンピュータで在庫の確認をして,その回答を電話で連絡をするという方法が取られていた.しかし,Wi-Fiやスマホのテザリングを使うことにより,外出先の顧客の目の前で,社内のイントラネットに接続し,在庫データベースに接続することで在庫を確認し,出庫処理を行い,納入日時の確認を行い,その場で顧客に納入日時を即答することができるようになった.顧客にとっては,調達を早くすることができ

るだけでなく，迅速な意思決定を行うのにも役立つ．

　ほかの例として，スケジュールの調整がある．外出先から顧客との打合せを行う約束をする場合，ほかの該当メンバが出席できるかどうか，また会議を行う場所があるかどうかが問題となる．通常，このような部署内の各自のスケジュールはイントラネット上で管理が行われており，会議室の予約もイントラネットの Web ページから空きの参照と予約ができるようになっている．しかし，外出先からこのイントラネットに接続ができることにより，部署内で打合せに出席する必要のある者のスケジュールの確認，打合せの予定の予約，各人へ顧客との打合せの案内の送付，会議室の予約などを顧客の目の前で行うことができ，その場で打合せの日程調整や会議室の場所を伝えることができる．

　ある中小企業の経営者は，事務所を自動車内においてビジネスを行っている．社長自らが他社への営業を行っているため，多くの時間が移動中の車内である．従来であれば，顧客からの連絡を受けるため，事務所を設け，事務員を配置し，取引先からの連絡を取り次いでいた．緊急の場合には携帯電話に連絡をするようにしていても，多くの事務員からの伝言を聞くのは営業が終わった夕方であるため，顧客へのすばやい対応ができていなかった．

　このため，この社長は，事務所を閉鎖し，顧客からの電話をすべて移動中の車内で受けるようにした．これにより，顧客から電話がかかってきたときに，注文の商品について在庫があるのか，いつ納入できるのかといった問合せを電話で受けたその場で，車内のノートパソコンを使ってすぐに確認することができるようになった．このため，顧客に対する意思決定が迅速にできるようになった．

　ノートパソコンを持ち歩き，その中のデータベースを用いてビジネスを行うことができるなら，わざわざ事務所を設ける必要がない．このように移動中の車の中がオフィスというモバイル型オフィスも新しい職場環境であるといえる．

5.3 仕事内容の変化

1. 販売員の存在価値

　企業は，Web ページで商品の情報を公開し，消費者はその情報をもとにしてどの商品を購入するかどうかの意思決定を行う．自動車の販売店の場合，最近の顧客は購入を考えている車種について販売員よりも詳しい知識や情報をもっている人もいるという．

　従来のビジネスモデルでは，顧客よりも詳しい情報や知識をもち，それを顧客に提供することが販売員の役割であった．しかし現在では，インターネットを活用することで最新のより詳しい情報を容易に得ることが可能となり，販売員よりも詳しい知識をもった顧客も現れるようになった．

　消費者が情報を容易に得ることができるようになったことで，情報を提供することを仕事としていた者にとってはその存在価値が問われることとなった．消費者が求めるものを提供することができないとしたら，そのビジネスそのものも成り立つかどうかが問われることになる．

　パソコンは過去においては，販売店でしか購入することができなかった．しかし現在では多くのパソコンを製造している企業がWeb ページによる販売を行っている．すでに中古車の販売が Web ページで行われているが，新車の販売においても Web ページで直接製造メーカから自動車を購入する時代が来るかもしれない．このとき販売員や販売店の存在価値が問われることになる．

2. 中間管理職の存在意義

　企業内においても，同様のことが起きている．電子メールの普及により，一般社員であっても容易に社長に意見することができるようになった．

　中間管理職とは，部署の課長や部長のことであり，経営者と担当者との中間に位置し，部署を管理する者であるが，従来では，経営者の経営方針は，中間管理職を通して担当者に伝えられていた．また，担当者の問題は，中間管理職に伝えられ，中間管理職から経営

者へと伝えられた．

しかし，電子メールの普及により，担当者は経営者に対して電子メールを送って直接意見を述べることが容易にできるようになり，経営者も現場の担当者の意見を直接知ることができるようになった．中間管理職を飛び越えて担当者と経営者が直接情報のやり取りをすることも多くなり，中間管理職の存在意義が問われることになった．

数千人規模の会社では，従来，社長が各社員に経営の考え方を伝えるためには社内報などといったかたちで印刷物を配布するか，何回かの経営方針説明会などを開催する方法，また中間管理職に伝えてから各中間管理職から担当者へ伝えられるという方法が取られた．しかし，それには時間もかかり，タイムリに情報を伝えることができないという問題があった．

しかし，電子メールにより，リアルタイムに社長自らが全社員に電子メールを送ることが可能となった．また全社員が知っているべき経営方針などは**イントラネット**での情報公開が進み，経営者の考えを Web ページや電子メールにより知ることがこれまでよりも容易にできるようになった．

イントラネット：intranet

過去においては，中間管理職の存在意義が，担当者には知らされていない情報や知識をもっていることであった．しかし，ナレッジマネジメントなど誰がどのような知識をもっているかを管理するデータベースがあれば，担当者は問題解決に困ったときに上司である中間管理職に頼らなくても，そのデータベースに頼ることで問題解決の糸口を見つけることができる．

このように，情報検索をするためのコンピュータやネットワークを使った環境（情報検索の**プラットフォーム**という）や電子メール，Web ページによる情報伝達の手段により，ほかからの情報を握っていることがその存在価値であった者は，その存在意義が問われることになった．経営のスピード化を図るため組織の階層を少なくした**フラット**化組織により，情報伝達者としての中間管理職は不要になりつつある．しかし，中間管理職がまったく不要ということではない．経営者がすべての意思決定を行うのではなく，中間管理職に権限を委譲し，すばやい意思決定が行われる組織を構築するこ

プラットフォーム：platform

フラット：flat

とが必要となっている．

今後，中間管理職に求められるものは，担当者の問題を見つけ出し，その問題解決ができることであり，経営者に代わって適切な意思決定を行うことができることである．このように，情報技術やイントラネットの普及は，中間管理職に求められることも変えてきているのである．

▌3. 電子メールによる社内コミュニケーション

インフラ：
infrastructure

企業内の情報伝達の**インフラ**として電子メールが普及し，組織の中での情報交換は電子メールで行われるようになった．電子メールの場合，情報を着実に伝えることができ，関連する文書を添付して配布することができるというメリットがある．遠隔地の者どうしで電子メールによる意見交換を行うことも可能であるが，時には余計な時間を費やすことになる場合もある．

電子メールでは，言葉よりも情報量が少ないため，発言者の意図が十分に伝わらないということもある．職場で上司が部下に対して仕事をしながら育てることを **OJT** という．しかし実際の職場では上司と部下が常に一緒にいるわけではなく，上司は顧客との打合せで外出していたりすることも多い．このため，OJTでの上司と部下とのやり取りが電子メールで行われることがある．部下は，仕事上で困ったことを上司に電子メールで質問する．上司はその質問に対して電子メールで回答する．このとき，質問に対して，電子メールでは簡潔に回答が行われるため，質問に対する解決策や答えだけが伝えられ，その理由までが伝えられることが少ない場合がある．

OJTで重要なのは，単にどのような問題に対してどのように対処すればよいのかといったパターンを覚えるのではなく，その他の問題に対しても自らの力で問題解決ができる力を身につけさせられるかどうかである．このためには問題解決の答えだけを伝えるのではなく，その問題解決の理由をきちんと教えることが必要である．問題解決の理由をきちんと教えるためには，対面をしてリアルタイムな質疑応答を繰り返して教えることが最も効果的であり，電子メールによるコミュニケーションはそれには適さない．

経営のスピード化などのために，電子メールは社内のコミュニケ

ーションのインフラとして必要不可欠なものとなってきている．しかし，電子メールによるコミュニケーションに頼るばかりに，口頭でのコミュニケーションが希薄になり，相手の出方により臨機応変に会話を続けることが不得意な社員も増えたり，OJT での人材育成が希薄になったりすることが起きている．

5.4　職場での情報リテラシー

1．パソコンでの文書作成能力

　企業内の文書のやり取りは，これまで紙ベースで行われていたが，ワープロソフトウェアで作成された文書ファイルを電子データのまま電子メールに添付して送付するというペーパーレスに変わりつつある．文書ファイルの作成はパソコン上のソフトウェアで行われるため，そのソフトウェアを利用できることは仕事上不可欠となってきている．

　キーボードの操作に不慣れな人にとっては，手書きのほうが早いということもある．しかし文書がソフトウェアを使って電子ファイルとして作成されることのほうが，文書作成の効率性や生産性が高いことが多い．なぜならば，仕事の中で作成される文書の多くは似た文面のことが多いからである．例えば，企画書や見積書といった文書では，過去の企画書や見積書に多少の手を加えて作成されることが多い．また電子ファイルであれば，作成された文書を社内のネットワーク上で共有化することができ，ほかの人がその文書を再利用しやすいということもある．電子ファイルで作成することにより，修正が容易になり，再利用性が高まり，文書が効率的に作成されるため，文書作成の生産性を高め，収益性を向上させることができるのである．

　文書の作成はワープロソフトウェアだけでなく，表計算ソフトウェアやプレゼンテーションソフトウェアを用いて作成される．これらのオフィスソフトウェアを使いこなすことができる能力は必要不可欠なものとなってきている．

プロジェクタ：
projector

　顧客に対して自社の製品の優位性を説明するために，**プロジェク**

タを用いることも多くなってきている．プレゼンテーションソフトウェアを用いれば，アニメーションなどを付加して，動的でわかりやすいプレゼンテーションを行うことができるからである．

　社内のコミュニケーションのインフラとして電子メールが使われるため，電子メールの送受信に使うソフトウェアの操作も必要不可欠な能力となってきている．電子メールを送るときのマナーだけでなく，送受信した電子メールを構造的に分類整理すること，電子メールの返信の送付方法（例えば，cc と bcc との使い分け）などができることは必須となっている．

　電子メールでのコミュニケーションを円滑に行うことができるためには，電子メールの文書をすばやく作成することが必要である．

　文書作成においては，キーボード操作のスピードが生産性を大きく左右するため，そのことが仕事への成果に直接結び付いている．キーボードを打つことが苦手な高齢者にとっては，文書の生産性が低く，電子メールで文書を書くことも苦手なため，それがストレスの原因となることもある．パソコンを利用し始める年齢が，低年齢化してきているが，キーボードの操作については年齢に関係なく，パソコンを使い始める早い時期にキーボードを見ないでキー入力ができる**タッチタイピング**の技能を身につけることが望ましい．

タッチタイピング：touch typing

▎2．パソコンのシステム管理

リテラシー：literacy

　職場での情報**リテラシー**として，業務に使うアプリケーションソフトウェアを使うことができるだけでなく，文書ファイルをパソコン上で適切に管理することができる能力も必要不可欠な能力となっている．文書を容易に探し出せるためには，構造的に適切なフォルダを作成し，保存する必要がある．このため，データを構造的に管理することができる能力が求められる．

　さらに，パソコンが故障した場合にそれまで作成した文書がなくなってしまうという場合もある．このため，自分が作成した文書を定期的に**バックアップ**を取るなど，パソコンを適切に維持管理する能力も必要不可欠となっている．

バックアップ：backup

　パソコンの補助記憶装置（内蔵のハードディスク装置）が文書ファイルで一杯になり，空き容量が足りなくなった場合など，それら

の問題に対してどのような対処があるのかを知っている必要がある．また，パソコンのメモリや補助記憶装置などの**リソース**を定期的にチェックし，必要な対策を講じることができる能力も必要とされている．

リソース：
resource

例えば，補助記憶装置をより大容量のものに変更する場合，どのような補助記憶装置を購入すればよいか，購入した補助記憶装置をどのようにパソコン内部に増設したらよいか，その補助記憶装置に過去のデータをコピーするにはどうしたらよいかということを知っていることが求められる．

新しいパソコンに買い換えた場合，それまで使っていたパソコンのデータやプログラムをどのように移行したらよいのかといったことも知っていることが求められる．

イントラネット：
intranet

パソコンを**イントラネット**に接続するために，ネットワークに関する基礎的な知識も必要である．ネットワークの設定やセキュリティの設定ができる能力も不可欠となっている．ウイルスに感染しないためにはどのようなことが必要か，またウイルスに感染した場合にどのような対処をとったらよいのか，それらについてパソコンを利用する各自が知っていることが求められている．

3．情報リテラシーをどのように高めるか

情報リテラシーを高めるために，中学校や高等学校でも情報に関する教育が行われているが，コンピュータの基礎知識の理解とアプリケーションソフトウェアの操作に偏った**情報リテラシー教育**が行われている．

ある程度大きな職場の場合，社内にあるコンピュータのシステム管理を支援する専門家がいるが，自分のパソコンの維持管理は他人任せではなく自分でできることが望ましい．コンピュータを利用する環境は各社により異なる．このため，コンピュータの運用管理やセキュリティ対策，情報倫理については企業内教育で行われることが必要である．

特に企業内での情報倫理に関する教育は遅れている．企業の個人情報の漏えいなどは社外の者により行われるのではなく，社内の者が行うケースが圧倒的に多い．このため，経営者が情報倫理綱領や

セキュリティポリシーを定め，それを社員が守るように教育を徹底することが必要である．

5.5 情報化による業務内容の変化

1．鉄道の改札業務

　企業内の競争力を維持し，消費者に対してより便利なサービスを提供したり，より戦略的な経営を行ったりするために業務は情報化され続けている．新しい情報システムの導入は，業務のやり方や求められる技術も大きく変えることがある．

　鉄道の改札では，自動改札機が導入される以前では乗客は印刷された定期券を改札口の駅員に見せ，改札を通過していた．このため，駅員には一瞬でその定期の使用期間が期限以内かどうかなどを確認する技能が求められた．

　しかしその後，自動改札機の導入により，駅員は改札口に常に立つことが不要になり，事務室でのほかの業務を行うことが求められた．また，自動改札の機械的な部分の維持管理をする技術が必要となった．つまり，切符が途中で詰まってしまったものを取り出したり，磁気カードや切符の磁気記録部分の読取りがうまくいくように，自動改札機のメンテナンスを定期的に行ったりする必要が生じた．このため，すばやく不正使用の定期を見破る眼力から，自動改札機の維持管理ができる技術が求められるようになった．

　現在では，ICカードが導入され，自動改札機には触れるだけとなり，機械部分の消耗が少なくなり，メンテナンスも少ない時間ですむようになりつつある．ICカードの導入により，利便性の向上，不正使用の防止，新ビジネスへの展開などがあるが，その他，維持管理業務の低減ということもある．維持管理にかかる時間を減らすことができれば，人件費を節約することができる．すなわち，改札業務を行っていた者をほかの業務に転属させることができ，より効率的な経営を行うことができるのである．しかし，改札業務を行っていた者は，これまでの技術が新しい職場でも使えるわけではないため，また新たな技術を習得することが求められるのである．

企業内では，業務が次々と情報化され，過去の技術や技能が新しいシステムを導入することで使えなくなるという事態を招いており，その新しいシステムを使いこなせるための教育が必要となっている．

▍2．旅行代理店

航空券の購入は旅行代理店から行うことが一般的であった．旅行代理店には，航空券を購入するための専用の端末が設置され，その端末の操作により航空券を発券することができた．

しかし，航空会社のWebページから航空券の購入ができ，チケットレスサービスでは，搭乗日に搭乗カウンタでクレジットカードを入れればWebページで予約をしていた搭乗券を入手できるため，事前に搭乗券を入手することが不要となった．

航空会社は他社との競合に勝つために，Webページから航空券のチケットを購入することができるサービスを開始するが，そのことが旅行代理店でなければできなかったサービスが不用になることを意味し，旅行代理店は航空券を発券するときの手数料を失うことになった．

航空券を発券するための端末を購入することは，旅行代理店の負担で行われた．航空券を発券できる端末があることが，旅行代理店の存在価値の一つだった．しかし，航空会社が旅行代理店にある専用の端末を使わなくても航空券を購入できるようにしたことで，その端末を購入したことの意味がなくなるということが起きているのである．

このように，他企業の情報化により，自社の業務のあり方や優位性が崩れてしまうことも起きている．

■5.6 企業内の情報化と求められる人材の変化

▍1．情報システムに関する基礎的な理解

企業内の情報化が進み，業務内容は変わり，そして求められる人材像も変化してきている．

5.6 企業内の情報化と求められる人材の変化

　さまざまな業務が情報システムにより合理化されてきており，情報システムを使った業務も増えてきている．また，電気製品や玩具などにコンピュータが内蔵されることも多くなり，さまざまな製品の開発にコンピュータや情報システムに関する基礎知識が不可欠となってきている．

　電気製品や玩具へのコンピュータの組込みでは，より高機能化するため，より高い性能のコンピュータを組み込むようになってきており，ソフトウェアの規模も巨大化しつつある．このような製造メーカでは，大規模なソフトウェアを開発するノウハウが不足するため，開発された商品に組み込まれたプログラムに**バグ**が発見され，商品を回収するということも起きている．このため，さまざまな業種で，コンピュータの専門的な知識や高品質なソフトウェアを開発するための技術が必要となってきている．

バグ：bug

　商品やサービスを高機能化するために，どのようにコンピュータを使ったらよいのか，どのような情報システムを構築したらよいのかがわかることが求められている．実際にソフトウェアを開発することはなくても，コンピュータを使えばどのようなことが可能となるかを理解することが不可欠となっている．

　また，従来の情報システムの開発では，コンピュータやシステム開発の専門知識をもった専門の技術者が行っていた．しかし，情報システムの構築の目的が経営の革新であったり，ビジネスモデルの革新であったりする場合，システムに求められる要求が複雑になり，顧客の要求に合った情報システムをつくることが困難となってきている．システムの目的が手作業の業務の単純な効率化から新たなビジネスモデルを実現するシステムなど業務の改革を実現するシステムへと要求が変化してきている．そのようなシステムを構築する場合，コンピュータシステムに関する専門知識のほかに業務に関する専門的な知識を必要とする．

　このため，システムを受注する側のシステム開発の専門家と発注する側の業務の専門家とが協同してシステム開発を行うことが必要となってきている．このことから開発の手法も，システムを一度に作成する**ウォータフォールモデル**という従来の開発方法から，基幹部分を作成し利用状況や使いやすさなどを考慮して追加改造を行う

ウォータフォールモデル：water fall model

第5章 働く環境と労働観の変化

スパイラルモデル：spiral model
プロトタイプ：prototype

スパイラルモデルや，プロトタイプで使用性を確認したあとにシステムを構築するプロトタイプ設計がとられるようになってきている．

システム開発に現場の担当者が加わることが必要となってきており，このため，現場の担当者でも，情報システムの構築について，構築の方法，設計ドキュメントの理解ができることが求められている．

例えば，情報システムを企画設計する段階で，業務の流れをどのように改善するのかといった業務の流れに合わせたシステムの設計が行われる．このとき，システムを設計するシステムエンジニアは，業務の流れを表すアクティビティ図やデータの流れと関係を表すDFDなどで表現する．作成されたドキュメントについて，情報システムの発注者とシステムエンジニアがレビューを行い，構築しようとしている情報システムについて確認を行う．このレビューにおいて，情報システムを発注する側にも，その作成されたドキュメントを見て，そこに記述されたものが正しいかどうかを確認できることが求められる．

DFD：Data Flow Diagram
レビュー：review

このため，システム開発の上流工程でのシステムの企画や設計段階において，そこで作成されるシステム設計ドキュメントをきちんと理解できる能力が求められている．

▌2. 企画提案力

定型的な業務を行うことだけでは企業の変革はできない．企業内の問題点を発見し，その問題をどのように解決したらよいかを企画し，提案書にまとめる力が求められている．既存の業務を抜本的に見直し，他社との競合に勝つため，情報社会のなかでその企業が存在する意義を高めるために，自社の業務を改革することが求められ，それを企画できる人材が求められている．

顧客や消費者に対して，商品やサービスを提供する場合にも，既存の商品を販売し続けることで収益を確保できる時代ではなく，顧客や消費者のニーズを見極め，自社の強みを生かした商品やサービスを企画し，提案することができることが求められている．このためには，消費者や顧客の抱えている問題を分析し，その問題に対して最適なソリューションを提案できることが求められている．

ソリューション：solution（経営課題の解決を図ること）

5.6 企業内の情報化と求められる人材の変化

企業が業績を伸ばすためには，新しいライフスタイルを提案できること，新しいビジネスモデルを提案できることが必要となっており，そのような企画ができる人材が求められている．

3. プロジェクトを管理する力

新しいビジネスを展開しようとする場合や，顧客や消費者に対して新しいソリューションを提案する場合，自社にはないノウハウや技術が必要となることがある．新しい商品を開発するためには，他社の専門家の協力を得て，企画や設計，製造などを行うことが必要となることが多くなってきている．

このため異なる専門家でチームを構成し，そのプロジェクトを推進させることができることも必要となっている．プロジェクト管理の基本は，品質（Quality），コスト（Cost），期間（Delivery）[*1]を適切に管理することであるが，それらを適切な管理手法を用いて管理することができる人材が求められている．

*1 これを略しQCDという．

プロジェクト管理については，過去においては経験や勘，度胸[*2]により行われてきたが，現在ではプロジェクト管理における基本的な知識が**PMBOK**として10のカテゴリに体系化されているが，その基礎知識を有し，各専門家のノウハウを生かして，所定の品質のものを限られたコストの中で期限以内に完成させられるようにプロジェクトの遂行ができる人材が求められている．

*2 これを略しKKDという．

PMBOK：Project Management Body Of Knowledge

4. 業務改革のための高い視点

業務改善を行うには業務に対して，その業務のやり方を理解し，むだな作業を削減するための方法を見いだすことが求められる．しかし，さらに業務を改革することが期待されており，そのためには，その業務が何のために，なぜ行う必要があるのかということが理解されている必要がある．

顧客に対する情報システムの提案においても，顧客の業務をよく理解し，そのシステムを導入する目的や効果を明確にすることができる力が求められている．企業において業務改革を推進するためには，経営やその企業のビジネスモデル，その企業の強みや弱みなどを高い視点で理解していることが求められる．

企業によっては，コア人材の育成として，若い年齢から企業革新を起こせるような高い視点を持った人材を選抜し，育てている企業もある．

▌5．エンドユーザコンピューティング

情報システムを構築する側に業務に対する理解が不足し，顧客が十分に満足できないシステムが構築されてしまうケースがある．情報システムの基幹部分の構築には専門的な知識が必要となるが，蓄積されたデータベースを分析し，必要な情報を得るためのプログラムであれば，比較的簡単に作成することができるソフトウェアがある．このソフトウェアを用いれば，情報システムに関する専門的な知識がなくても，簡単にプログラムを作成することができる．情報システムの利用者が接する画面を **GUI** により，パソコンの画面上にマウスでボタンなどを自由に配置できるソフトウェアを用いることで，データベースのデータを検索し，その内容を画面に表示させるためのプログラムなどを簡単に作成することができる．このようなプログラムは，**インタプリタ**型の言語である場合が多く，システムの利用者の創意工夫により容易に変更できるようになっている．

> GUI：Graphical User Interface
>
> インタプリタ：interpreter
>
> エンドユーザコンピューティング：End User Computing；EUC
>
> カスタマイズ：customize

このようなソフトウェアを用いて，情報システムの利用者が情報システムを構築することを，**エンドユーザコンピューティング**（**EUC**）という．

エンドユーザコンピューティングにより，利用者のニーズに合ったシステムを構築することができる．また業務も日々変化してきており，その変化に応じて利用者の簡単な操作により**カスタマイズ**することができ，迅速に，安価に，システムの改変に対応することができる．

このように，企業の中では，システム開発の専門家ではなくても，利用者（エンドユーザ）が簡単な操作によりシステムのカスタマイズが行われるため，システムの利用者がシステム設計や構築を行えることも求められている．

演習問題

問1 本書で紹介されている事例のほかに，情報化により業務内容が大きく変化した職業やビジネスを取り上げ，その変化がどのようにして起きたのかを調査し，レポートせよ．なお，レポートには，その企業においてなぜその情報化は必要であったのか，その情報化によりどのように業務内容が変わり，求められる人材像がどのように変わったのかを述べよ．

問2 モバイル技術やコンピュータ技術の導入により，どのような新しいビジネスが可能となるだろうか．新しいビジネスを企画し，それにより働く環境にどのような影響があるかを述べよ．

第6章
情報社会における犯罪と法制度

　パソコンでインターネットに接続している人と携帯電話でWebを参照している人を含めるとインターネットの利用者は，7000万人を超え，電子メールによるコミュニケーションやWebからの情報収集が一般的になりつつある．このため情報技術やインターネットを使った犯罪は毎年急増し続けており，さらに犯罪の傾向や内容も変化し，犯罪の手口もますます巧妙になってきている．

　サイバー犯罪に対する知識も少なく，被害の数や相談件数が急増している．また，コンピュータウイルスに感染するとウイルス付きの電子メールを送ってしまい，簡単にサイバー犯罪の加害者になってしまうなど，サイバー犯罪特有の特徴がある．

　私たちが情報社会において安全に生活するためには，サイバー犯罪に関する知識は不可欠となってきている．この章ではサイバー犯罪の事例を学ぶことで，情報社会の危険性を正しく認識し，サイバー犯罪に巻き込まれないように自己防衛をするためのセキュリティ技術などを学ぶ．

6.1 サイバー犯罪

1. サイバー犯罪とは

「刑法に規定されている電子計算機損壊等業務妨害罪をはじめとしたコンピュータ若しくは電磁的記録を対象とした犯罪又はそれ以外のコンピュータネットワークをその手段として利用した犯罪」のことを**サイバー犯罪**という（1998年版警察白書より）.

サイバー犯罪には，三つの種類がある．一つ目は，コンピュータや電磁的記録の破壊行為を対象とした犯罪である．刑法に規定されている電子計算機損壊等業務妨害罪，電子計算機使用詐欺罪などのほか，ウイルスに感染したファイルを送ってコンピュータを使用できない状態にする場合などがある．

二つ目は不正アクセス禁止法に違反する犯罪であり，他人のIDとパスワードを利用してコンピュータに侵入し，機密データや顧客データなどの重要なデータを盗んだり，変更を加えたりすることである．

三つ目は，コンピュータやインターネットをその手段として利用したネットワーク利用犯罪である．インターネットの電子掲示板を利用して覚せい剤や毒物などの違法な物品を販売した場合や，出会い系サイト規制法違反や，Webページでわいせつな画像や映像を多くの人に対して閲覧させたりする犯罪である．

警察庁のWebページで，サイバー犯罪の検挙状況が公開されている（図6.1）*. それを見ると，サイバー犯罪の件数は2003年から10年で4倍に増加している．サイバー犯罪の検挙数は，2003年は1 849件であったが，2007年は5 473件，2010年は6 933件，2013年は8 113件，2014年は7 905件となっている．

＊www.npa.go.jp/cyber

しかし，サイバー犯罪のうち，コンピュータやコンピュータに内蔵されている磁気記録装置の破壊などの犯罪は，2003年は55件，2008年は247件，2013年は478件，2014年は192件と増減しているのに対し，ネットワークを利用した犯罪は，2003年は1 649件，2007年は3 918件，2010年は5 198件，2013年は6 655件とほぼ毎年増えてきている．

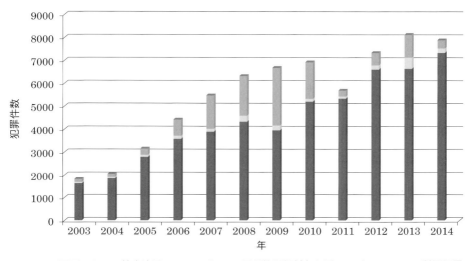

図 6.1　サイバー犯罪の検挙件数

　犯罪の特徴としては，インターネットを利用した犯罪が全体の約 80 % となり，サイバー犯罪の主流がインターネットを利用した犯罪であること，インターネットを利用した詐欺や児童売春および青少年保護育成条例違反，わいせつ物および児童ポルノ法違反，出会い系サイト規制法違反が増え，ネットワーク犯罪の 4 分の 3 を占めるほどになったことなどがあげられる．

　サイバー犯罪に関して，各都道府県の警察に寄せられた相談件数は，1999 年は 2 965 件であったのに対し，2000 年は 11 135 件，2002 年は 19 329 件，2010 年は 75 810 件，2014 年は 118 100 件と 14 年間で約 10 倍に増えている．

2. コンピュータや磁気記録装置を対象とした犯罪

　コンピュータやコンピュータ内の磁気記録装置を対象とした犯罪とは，コンピュータのプログラムを不正に書き換えた詐欺，コンピュータ内に記録されているプログラムの不正な改造やデータを無断で変更することなどである．

　コンピュータのシステムを運用管理している者やそのシステムを

構築した者は，コンピュータ内のデータを改ざんすることができる．このため，端末を操作し，架空の物品購入を行い，架空の請求や支払い処理を書き込むことなどの詐欺事件が発生している．

3．不正アクセス

他人のパスワードを盗み，無断で他人のコンピュータにログインすることや，ネットワークを経由して不正にログインすることを不正アクセスという．

コンピュータがインターネットに接続されるようになり，十分なセキュリティ対策が施されていないとインターネットから侵入されてしまう．

例えば，インターネットに自分の Web ページを開設する場合，**インターネットサービスプロバイダ（プロバイダ）** と契約をし，プロバイダ内の Web サーバというコンピュータの磁気記憶装置に Web ページのデータを置くための領域を確保する．この領域に Web ページのデータを置くことで Web ページを公開することができる．この Web サーバにデータを置くためには，ID とパスワードが必要となるが，ID がありきたりのもので，パスワードが誕生日であったりすると，簡単に他人に盗まれ，Web ページが書き換えられてしまうことになる．

> インターネットサービスプロバイダ：
> internet service provider

コンピュータに対し，パスワードを次々と手当たり次第に自動的に変更し，不正侵入を試みるためのソフトウェアについては簡単に作成や，手に入れることができる．また，suzuki，tanaka といった日本人に多い名前のリストと，よく利用されるパスワードのリストがあり，それらの組合せで不正アクセスを試みるソフトウェアもある．これらのソフトウェアはクラッキングツールといわれ，それらを用いて，ID とパスワードを盗み，Web ページの改ざんが行われている．

1996 年には，朝日放送の Web ページが書き換えられ，1998 年には朝日新聞や毎日新聞の Web ページが書き換えられている．2000 年 1 月には，当時の科学技術庁と総務庁の Web ページが相次いで不正侵入の被害を受け，トップページが改ざんされた．

過去においてはコンピュータに対し，不正に侵入が行われてもコ

ンピュータ内のデータが書き換えられなければ犯罪とはならなかった．しかし，「**不正アクセス行為の禁止等に関する法律**」（1999 年法律第 128 号．以下「不正アクセス禁止法」という）が 1999 年 8 月に成立し，2000 年 2 月 13 日から施行され，他人の ID やパスワードを使って無断でコンピュータを使うこと，すなわちデータが書き換えられなくてもコンピュータに侵入が行われた時点で犯罪と認められるようになった．

　大学のコンピュータに対して，友人の ID とパスワードを利用してアクセスを行うことも不正アクセス禁止法により犯罪と認められる．他人の ID とパスワードを盗用してコンピュータを不正に利用する行為（いわゆるなりすまし行為）は，1 年以下の懲役または 50 万円以下の罰金となる．また，コンピュータのセキュリティホールを突いて，コンピュータを不正に利用する行為も 1 年以下の懲役または 50 万円以下の罰金となる．

　学内のネットワークに接続するために，大学が発行する ID やパスワードを大学側の承諾なしに友人などの第三者に教えることも犯罪と認められ，30 万円以下の罰金となる．

4．ネットワークを利用した犯罪

　サイバー犯罪の主流がネットワークを利用した犯罪になってきている．ネットワークを利用した犯罪で検挙された件数は，1998 年は 116 件，2002 年は 958 件，2006 年は 3 593 件，2010 年は 5 199 件，2014 年は 7 349 件と増加している．

　2011 年のネットワーク犯罪での検挙件数は 5 388 件で，その内訳は，児童買春・児童ポルノ法違反が 444 件（8 %），わいせつ物頒布等が 699 件（13 %），詐欺が 899 件（17 %），青少年保護育成条例違反が 434 件（8 %），出会い系サイト規制法違反が 464 件（9 %），著作権法違反が 409 件（8 %），その他が 1 156 件（21 %）であった．

5．児童買春・児童ポルノ法違反

　18 歳未満の児童に対する買春や児童ポルノに対する処罰，被害児童の保護に関する措置などを定める法律として，1999 年に，「児童買春・児童ポルノに係る行為等の処罰及児童の保護等に関する

法律」が制定，施行され，取り締まられるようになった．

児童買春とは，児童や児童に対する性交などの斡旋をした者や児童の保護者に対し，金銭などを与えたりその約束をしたりして，当該児童に対して性交などをすることである．また，**児童ポルノ**または**チャイルドポルノ**とは，児童の性交または性交類似行為の写真，それらを撮影したビデオ映像のことをいう．

1989年11月20日に国連総会で子どもの「性的搾取からの保護」が記されている「児童の権利に関する条約（子どもの権利条約）」が採択され，他国では児童ポルノに対して，犯罪としての取締りが行われていた．日本は1994年4月22日に同条約に批准していたにもかかわらず，1998年まで児童ポルノに対する規制のない国であった．このため，当時日本に対して，諸外国から児童ポルノの取締りを求める声があがっていた．1998年には，国際刑事警察機構（ICPO）からの情報提供により日本発の海外向け児童ポルノを掲載したWebページが摘発されている．なお，日本は2000年5月25日に「子ども売買，子ども買春及び児童ポルノに関する児童の権利に関する選択議定書」に署名している．

児童買春・児童ポルノ法違反についての検挙数は，1999年が9件，2000年が121件，2001年が245件，2002年は408件，2007年は551件，2011年は444件と2000年以降に取締りが強化され，件数が増えた．

Webページで児童ポルノの掲載や，インターネットの掲示板などを通じて児童ポルノの画像または映像のデータが記録されたDVD-Rなどを販売することが犯罪となる．

児童ポルノを頒布，販売，貸与し，Webページなどに公開した場合，3年以下の懲役または300万円以下の罰金となる．

6. わいせつ物頒布等

わいせつ物頒布等とは，インターネット上のWebページでわいせつな画像を公開したり，わいせつな画像をDVD-Rなどに書き込み販売を行ったりすることをいう．国内のインターネットサービスプロバイダ（プロバイダ）が提供しているWebページにわいせつな画像が公開された場合，プロバイダにも責任が及ぶことや，偽名

でプロバイダと契約を結ぶことができないようにプロバイダ側の自主的な規制が強化されたこともあり，この犯罪は減りつつあるが，海外の取締りが行われていない Web サイトへの乗換えも行われている．

インターネットの Web ページにわいせつな画像や映像を掲載した場合には，**わいせつ図画公然陳列罪**が適用される．インターネットの掲示板などを利用してわいせつ画像や映像を記録した DVD-R などを販売目的で所持していても，わいせつ図画販売目的所持罪となる．

たとえ，その画像や映像がほかの Web ページから自由に取得可能なものであったとしても，Web ページでそれらの画像や映像の公開や，それらの画像や映像を DVD-R に書き込み，販売や所持した場合は犯罪となる．

わいせつな画像や映像などを頒布，販売したり，公然と陳列した者は，2 年以下の懲役または 250 万円以下の罰金となる．また，販売の目的でこれらのわいせつ物を所持した者も同様の罪となる．

7. インターネットにおける詐欺

インターネットオークションで品物を提示し，落札した者から代金を受け取りながらその品物を落札者に送付しなかったなどの行為は詐欺となる．また，インターネットオークションでは本物と偽り高級ブランド品のコピー商品がオークションにかけられた場合には，詐欺と商標法違反となる．

インターネットオークションでのトラブルは多く，DVD に記録された映像を落札し，その後 DVD が届いても，まったく映像が記録されていなかったり，オークションで提示された内容とは異なる映像が記録されていたりするケースもある．

インターネットオークションの場合，そのオークションを運営しているインターネットサービスプロバイダに責任が及ぶことはほとんどない．落札する者はリスクをよく知り，落札を行う必要がある．また，金と品物の受け渡しのトラブルを防ぐため，前述したエスクローサービスや代引きサービスがあり，リスクの軽減のためにそれを使うことが望ましい．

■8. その他の犯罪

サイバー犯罪のその他の犯罪として，出会い系サイト規制法違反やインターネットバンキングに係る不正送金，**名誉毀損・誹謗中傷**や著作権法違反，電子メールによる脅迫，国で認可されていない薬品を販売すること（薬事法違反）などがある．

インターネットの掲示板では匿名での書込みができるが，それを悪用し個人や企業を攻撃する内容や犯罪予告を書き込むことが，名誉毀損や誹謗中傷や威力業務妨害にあたることがある．掲載された内容が事実の場合には，名誉毀損には該当しないが，それが憶測であったり，個人の主観的な意見であったりする場合には，名誉毀損や誹謗中傷となる．解雇させられた会社に対して憎み，その企業や社員を誹謗中傷することや，以前に交際していた異性に対する嫌がらせを目的として，掲示板への書込みや，写真や動画の投稿が行われていることもある．インターネットが利用されるまで，匿名で個人や企業を攻撃することは困難であったが，インターネットによりそれが可能となった．しかしたとえ匿名であっても個人を特定することが可能である．

6.2 著作権法違反

■1．著作権法とは

著作権法とは，著作者の権利およびそれに隣接する権利を定めて，著作物に対する権利の保護を目的とした法律である．**著作権**とは，著作物に対する権利のことである．

著作権は**知的財産権**の一つである．知的財産権は二つに分けることができる．一つは特許権，実用新案権，意匠権，商標権といった**工業所有権**である．そしてもう一つが文化的な創作物の保護を対象とする著作権である．工業所有権は特許庁に登録申請を行うことにより権利が発生するが，著作権の場合は特に権利を主張するために登録することは必要なく，著作物が作成されたときから著作権が発生する．これを**無方式主義**という．

著作権の保護の対象となる文化的な創作物とは，文芸，学術，美

術，音楽など，人間の思想，感情を創作的に表現したもののことである．著作物を創作した人を著作者という．コンピュータのプログラムやマニュアルなどのドキュメントも著作物である．

著作権には，**著作者人格権**と**著作権（財産権）**と著作隣接権とがある．一般に著作権（財産権）を著作権という．著作者人格権には，公表権，氏名表示権，同一性保持権があり，譲渡することはできない．一方，著作権（財産権）には，複製権，上演権・演奏権，上映権，公衆送信権，口述権，展示権，頒布権，譲渡権，貸与権，翻訳権・翻案権，二次的著作物の利用権があり譲渡することが可能である*．

＊公益社団法人
著作権情報センター
www.cric.or.jp，
一般社団法人 コンピュータソフトウェア著作権協会
www2.accsjp.or.jp

インターネットの Web ページにより情報を発信することには，公衆送信権が必要となる．

音楽は，それを演奏したり，歌ったりする人がいるからこそ作品として多くの人に認知される．音楽を演奏したり，歌ったりする人々を実演家という．

著作物が著作権法によって規定され保護されているように，著作物を公衆に伝える実演家の表現行為もまた著作権法によって保護されている．この権利を著作隣接権という．

著作権法上では，第 89 条から第 95 条に実演家の著作隣接権が規定されている．録音・録画権，放送・有線放送権，送信可能化権，商業用レコードの貸与権といった許諾権（権利者に無断では使用できない排他的権利）と，放送・有線放送に使われた商業用レコード（市販 CD）に対する対価や，貸レコードで 1 年を経過した CD レンタルに対する対価を請求できる報酬請求権，私的録音・録画補償金を受け取る権利（第 104 条）が明記されている．しかしこれまで実演家は出演料のみをもらい，隣接権を持っていなかったことが多かった．

なお，著作隣接権は実演家だけではなく，レコード製作者や放送事業者，有線放送事業者にも認められた権利である．レコード（CD）の複製頒布や放送がなければ音楽が広まらないという点では実演家の権利と同じ考え方である*．

＊実演家著作隣接権センター
www.cpra.jp

送信可能化権はインターネットの普及によりつくられたものである．この権利が法律で明文化されたことで，著作物をディジタル化

して，インターネットを用いて利用者の要求に応じて送信する際に，利用料金を徴収するなどの行為が法的に正当化されるようになった．

2. サイバー犯罪での著作権法違反

　サイバー犯罪における**著作権法違反**については，市販のソフトウェアを DVD-R にコピーし，それをインターネットで販売することや，購入した音楽 CD のデータを Web ページから不特定多数の人が聴くことができたりすることなどがある．ソフトウェアを購入し，自分のパソコンにインストールした後，製品パッケージを中古ソフトウェアとして売ることも犯罪である．

　著作権法違反を取り締まるため，一部の音楽 CD を販売している会社では，音楽 CD のデータをパソコンにより CD-R などに書込みができないようなガードを付けることが 2002 年から始まっている．また，マイクロソフトでは，Windows XP になってから Windows をインストールするときに，ソフトウェアのライセンス番号を入力した後，その番号がインターネットを通じて登録が行われ，同じライセンス番号が複数利用されないようなガードが行われている．

　音楽 CD を購入し，カセットテープに編集してダビングを行い，自分で聴くのであれば著作権法には反しない．同様に，音楽 CD をパソコンにより自分の好きな曲だけを編集して携帯型音楽プレーヤやスマホに書き込み，それを自分で再生して聴くのであれば著作権法には反しない．しかし，複製された CD-R を販売したり，友人に貸し与えたりするとそれは著作権法違反となる．

　インターネットの Web ページに掲載されている画像を自分のパソコンにコピーして保存することは著作権法には反しない．しかし，たとえその画像や映像が無料で入手できるものであっても，その画像や映像を DVD-R に書き込み，販売すると著作権法違反となる．

3. フリーソフトウェアの著作権

フリーソフトウェア：free software

　フリーソフトウェア（またはフリーウェア）とは，インターネットなどから取得し，無料で利用することができるソフトウェアのこ

とである．そのソフトウェアについて，著作者に無断でコピーや，配布することができる．しかしソフトウェアの著作権は著作者に帰属するため，ソフトウェアの改変などを著作者に無断で行うことはできない．なお，著作者が使用料金を設定しているものを**シェアウェア**という．インターネットで入手できるシェアウェアには，一定期間無料で使用できたり，機能が限定されて無期限で利用できたりするものなどがある．著作者が著作権を放棄しているものを**パブリックドメインソフトウェア**（PDS）という．

シェアウェア：
shareware

パブリックドメインソフトウェア：
Public Domain Software

フリーソフトウェアについては無料で使用したり，配布することができるが，著作権は著作者にあるため改変はできない．しかし，パブリックドメインソフトウェアについては，そのソフトウェアに手を加えることができる．

シェアウェアについても無料使用期間中であれば無料で使用したり，配布することができる．しかしシェアウェアの制限を取り除くためのパスワードをインターネットで公開すると著作権法違反となる．

6.3 コンピュータウイルスや迷惑な電子メール

1. コンピュータウイルス

コンピュータウイルス：
computer virus

他人のコンピュータを破壊したり，データを盗んだりするなど悪質な動作をするコンピュータのプログラムを**コンピュータウイルス**という．コンピュータウイルスはネットワークやUSBメモリなどの記録媒体を経由してほかのコンピュータから感染する．コンピュータウイルスはほかのコンピュータから感染し，潜伏し，発病するといった機能を有しているため**ウイルス**と名付けられている．

現在多くのコンピュータウイルスは，電子メールにより感染するマクロ型ウイルスである．マクロ型ウイルスとは，電子メールに添付されている文書を開くとその文書を表示するためのソフトウェア（マクロプログラム）が起動され，それがコンピュータにコンピュータウイルスを書き込んでしまうのである．コンピュータウイルスはすぐに悪質な動作を行うのではなく，コンピュータ内部に潜伏し

続け，特定の日になると動作するようにつくられている．コンピュータウイルスが動作し，コンピュータの破壊が始まることを発病するという．発病するまでの間，感染した人はほかの人にウイルスを広めてしまうことになる．ウイルスに一度感染してしまうと，ウイルスに感染したもととなる電子メールの文書を削除してもウイルスを削除することはできない．ウイルスに感染するとそのコンピュータウイルスはコンピュータに常駐し，発病までの時期を待っているのである．

　コンピュータウイルスによっては，感染するとメール送受信ソフトウェアが管理しているアドレス帳のデータを参照し，そこに記述されているメールアドレスに対して，コンピュータウイルスに感染させるためのファイルが添付された電子メールを自動的に送るものがある．その電子メールを受け取った者は，知人からの電子メールであるため，安心して電子メールの中身を見てしまう．電子メールに添付されているファイルを開いてしまうことでコンピュータウイルスに感染する．こうして感染したコンピュータはアドレス帳に記述されている人に対してコンピュータウイルスを自動的に送付し，コンピュータウイルスによる感染を拡大させるのである．

　コンピュータウイルスに関する最新の情報や，詳細な情報は**情報処理推進機構（IPA）**のWebページに掲載されている*．

IPA：Information-technology Promotion Agency, Japan
*www.ipa.go.jp/security/

　コンピュータウイルスを発見した場合や，コンピュータウイルスに感染した場合には，先の情報処理推進機構（IPA）に届出をすることが望ましい．IPAでは届出のあったウイルスを分析し，感染被害の拡大と再発防止に役立てている．

　電子メールの普及に伴って，ウイルスの発見件数は年々増え続けている．IPAへの届出件数では，2000年は11 109件であったのに対し，2005年は54 174件，2012年は10 351件で，2005年をピークに減少傾向にある．

アンチウイルスソフトウェア：Anti-Virus Software

　コンピュータウイルスに感染しないようにするためには，**アンチウイルスソフトウェア**を用いる．アンチウイルスソフトウェアにより，コンピュータウイルスを検出し，それを駆除することができる．アンチウイルスソフトウェアによっては，受信した電子メールに対して自動的にウイルスに感染していないかチェックされるもの

もある．

　アンチウイルスソフトウェアは，コンピュータ内部のデータに対して，ウイルスかどうかを判定する．判定の基準が記録されたデータをもとに，判定が下されるのである．つまり判定基準が記録されたデータファイルが古いと，最新のウイルスの存在をチェックすることはできない．このため，判定基準が記録されたデータファイル（パターンファイル，定義ファイルともいう）を最新のものにしておく必要がある．このファイルを最新の状態にするためには，アンチウイルスソフトウェアのメーカのWebページから定期的にダウンロードし，それをもとにウイルスチェックされるようにすることが必要である．

　最近では，特定の組織のみがコンピュータウイルスに感染するように作られた標的型攻撃メールによる被害が拡大している．この標的型攻撃メールで感染したウイルスを，アンチウイルスソフトウェアでは検出できない．

2. スパムメール

スパムメール：
spam mail

　不特定多数の人に対して広告などを目的として大量に送られる電子メールを**スパムメール**という．スパムメールはネットワーク全体の負荷を高めるという問題がある．勝手に携帯電話に送られてくる迷惑メールもスパムメールである．

　スパムメールは，漏えいした個人情報から得た電子メールアドレスに商品の広告のスパムメールを送信するという方法で行われている．メールマガジンの場合には，自由意志で脱会することが可能であるが，スパムメールや迷惑メールの場合，自由に脱会することはできず，勝手に電子メールが送り続けられる．

＊コンピュータどうしがメールを送受信しあうためのプロトコルの一つ．
SMTP：
Simple Mail Transfer Protocol

　スパムメールでは匿名**SMTP**＊を経由して送信することで，送信先が特定されることがないようにしているものもある．匿名SMTPを海外において，それを踏み台にしてスパムメールを送信することがある．そうすることにより，送信者を特定することが困難になり犯罪の摘発から逃れやすくなる．

　携帯電話などへ迷惑メールの送信を規制するための二つの法律が平成14年4月に可決，成立している．一つは，「特定商取引に関す

る法律の一部を改正する法律案」で，広告などの商用メールを一方的に送付する広告主を対象にした法律である．電子メールの受信者がメール広告の受取りを希望しない旨の連絡をその広告主か通信販売事業者に行った場合，その受信者に対する商業広告の再送信は禁止されなければならないというものである．

　二つ目は「特定電子メールの送信の適正化等に関する法律案」で，不特定多数に大量に送られる広告や宣伝メールの送信者を対象にした法律である．送信者は，特定電子メールであること，送信者の氏名または名称および住所，送信に用いた電子メールアドレス，送信者の受信用メールアドレスなどの表示が義務となる．また，架空の電子メールアドレスによる送信が禁止され，プログラムを用いて大量に作成した架空の電子メールアドレスに宛てた電子メールの送信も禁止される．

3. チェーンメール

チェーンメール：chain mail

*ネットワークを使ううえでのエチケット．

　インターネット上で，次々と転送を重ねていく電子メールを**チェーンメール**という．内容はデマやいたずらのものが多い．チェーンメールの送信は法律により規制はされていないが，ネチケット*に反する．

　チェーンメールには，ほかの人に送るように脅迫めいたことが書かれているものもあるので，転送しないように注意が必要である．

事例

チェーンメールには以下のようなものがある．

「このお守りをもらったあなたは超超超超超超幸せ者．2週間以内に必ずいや，ぜったい彼氏・彼女ができるよ．すでにいる人は超～ラブラブ（＞∀＜）．みんなが幸せになりますように…そのかわりこのメールが入ってから24時間以内に，5人の人に送ってね…なお，題名は「愛モード」でお願いします．送らないと，あなたはたいへんな事になりますよ．まあ信じるか信じないかはあなたの勝手だけど…」

4. デマメール

デマメールは，いわゆるチェーンメールの一種で，嘘の内容が書かれた悪質ないたずらである．デマメールの内容を信じて善意に捉え，友人にその電子メールの内容を送信すると相手にも迷惑をかけることになり，被害者だけでなく安易な気持ちで加害者になってしまうという危険性がある．デマメールには以下のようなものがある．

「新種のウイルスが発見されました．このウイルスの特徴はメールを受信するだけで感染をします．メールの表題が○○というメールを受け取ったら，内容を見ずにすぐに削除してください．この新種のウイルスについて知らない人がたくさんいるので，このメールの注意を友人にメールで知らせてあげてください．」

受け取った電子メールがデマであるかどうか確認するため，デマメールについての詳細な情報は **IPA** の Web ページに掲載されている*．

＊www.ipa.go.jp/security/

事例

平成 13 年 5 月に発生した，「sulfnbk.exe」というデマメール（日本語に翻訳されたもの）の内容は以下のとおりである．

「今日，一通のメールが届きました．

メール内容は，ウイルスに感染してアドレス帳に入っているすべての人にそのウイルスを送っている可能性があるので，即除去してくださいというものでした．

このウイルスは，14 日間潜んでその後 C ドライブを破壊してしまうそうです．

下記の手順でウイルスのチェックおよび除去をお願い致します．
手順
1. "スタート"→"検索"→"ファイルやフォルダ"をクリック．
2. "名前"の欄に"sulfnbk.exe"とタイプ．←これがウイルス
3. "探す場所"の欄に"C"ドライブが選択されていることを確認．
4. "検索開始"クリック．
5. もしファイルが見つかれば，絶対に開かないこと！
6. そのファイルを右クリックして，"削除"を左クリック．
7. 'sulfnbk.exe'をごみ箱に移してもよろしいですか？の質問に対して"はい"をクリック．

> 8. デスクトップの"Recycle Bin"をダブルクリックし，"sulfnbk.exe"を削除するか，"ごみ箱を空にする"をクリック．
>
> もしこのウイルスがCドライブに見つかった方は，アドレス帳に入っている人全員に同じ内容のメールをしてください．」
>
> このsulfnbk.exeというファイルは，マイクロソフトのWindowsのプログラムであり，Windowsが動作するためには必要不可欠のファイルであり，ウイルスではない．このため，この電子メールを受け取り，ウイルスだと勘違いをし，削除してしまうとWindowsの再インストールが必要となる．

5. ネットストーカー

ネットワークを用いてストーカー行為を行うことをネットストーカーという．ネット上の掲示板などで得た電子メールアドレスなどをもとに個人情報を調べ，ストーカー行為を行うものや，企業内での電子メールのやり取りを監視するものなどがある．

> **事例**
>
> ＜例１＞
> Aさんは携帯電話のメル友募集のWebサイトに書込みを行い，そこに携帯電話番号を記入した．その後，そのWebサイトを見た人から電話がかかってきた．その人は，名前から住所までも知っており，何回も交際を強要するような電話がかかってきた．一般的に携帯電話から個人の情報を割り出すことはできないが，携帯電話から氏名や住所を割り出す情報提供サービスを違法に行っている業者があり，そこから個人情報の提供を受けることが可能となっている．
>
> ＜例２＞
> 勤務時間中に同僚や友人に対して電子メールを送る社員もいるが，Bさんも会社の勤務時間中に友人に電子メールを送っていたひとりであった．しかし，Cさんからほかの誰もが知らないはずの電子メールの内容を知っているようなしぐさがあった．Cさんは，その職場のネットワーク管理者であり，メールサーバのシステム管理者であったため，好意を抱いていたBさんの送信・受信メールをすべて盗み見していたのである．

> <例3>
> 　Dさんは元彼氏だったEさんと別れたあとも電子メールの内容を見られていた．Dさんは交際していたEさんに，自分の電子メールアドレスとそのパスワードを教えていた．EさんはDさんに届く電子メールとDさんが送った電子メールを聞き出したIDとパスワードを使って監視をしていたのである．このことは別れたあとも続いた．

■6.4　その他の情報犯罪

▍1．その他のネットワーク犯罪

　インターネットでは，匿名性があり，あとで該当の電子メールアドレスに問い合わせてもその電子メールアドレスが消滅していたり，Webページも消滅してしまったりするなどの無こん跡性や，不特定多数の者に被害が及ぶという特徴がある．また，暗号化により証拠の隠ぺいが容易であることや，海外のWebサイトや海外の電子メールアドレスを容易に使って犯罪を行うことができるという特徴がある．

　このような特徴を生かして，さまざまな犯罪にインターネットが使われている．例えば，援助交際の相手を見つけるのに，出会い系のWebサイトが使われている．また，アイドルなどの盗み撮りされたビデオの動画がWebサイトで流されるといったことも起きている．使用済みの下着などを販売するネットブルセラというものもある．

> ─事例─
> 　Aさんは社内でアダルトビデオに出演しているとうわさになり，それがもとで退職せざるを得なかった．Aさんにアダルトビデオに出演した覚えはなく，単なるうわさだと思っていた．しかし，後日，別れた彼氏が数年前に自分のヌードをビデオ撮影していたものがアダルトWebサイトで公開されていることを知った．別れた彼氏との連絡もとれず，Webサイトの映像は公開し続けられた．

2. 携帯電話を使った犯罪

携帯電話でも画像や動画が送れるようになり，携帯電話やスマホを使った犯罪がある．

事例

携帯電話を使って，自分のヌード写真を相手に送り，情報提供料を稼いでいる女子高校生がいる．どのようなヌード画像が欲しいのかの注文を受け，その注文に応じた画像を携帯電話で撮影する．相手は画像の注文をしたあとに画像料をネットバンクへ入金する．ネットバンクでの入金が確認出来次第，撮影した画像を相手に送るというものである．この場合，Web サイトなどで公開されるわけではないため外部に漏れることがなく，犯罪としての取締りが難しいという問題がある．

---

3. 個人情報の漏えい

ビジネスを効果的に行うためには，個人情報が不可欠となってきており，個人情報の価値が高まってきている．また，企業のビジネス戦略上，個人情報を蓄積し，活用する企業が増えてきている．

商品販売の勧誘を効果的に行うためには個人情報が欠かせない．企業で持っている顧客名簿などが外部に漏えいしてしまうことを個人情報の漏えいという．外部からの不正アクセスにより，社内の機密情報や個人情報が漏えいすることもあるが，個人情報の漏えいの多くは，社内の人間によって外部に持ち出されるケースである．社員が個人情報を取得し，個人情報を欲している業者に販売するという犯罪が増えてきている．

個人情報の漏えい事件はますます増加してきている．

事例

電話会社に勤務する A さんは金融業からの取立てを受けていたが，その金融業者から電話加入の顧客データから指定された個人データを検索してそのデータを提供すれば，取立てを猶予するといわれ，顧客データの一部を金融業者に渡していた．この電話会社では顧客データへのアクセスの履歴を分析した結果，この A さんの不

> 正なアクセス履歴を見つけることができた．Aさんは懲戒免職となり，その上司も減給処分となった．

6.5 セキュリティ対策

1. ファイアウォール

ファイアウォール：firewall

　ネットワークのセキュリティを守るため，すなわちインターネットからの侵入を防ぐため，**ファイアウォール**という装置を設置する．図3.9は，企業内のネットワークに対して外部からの侵入を防ぐためにファイアウォールを設定している例である．

　インターネットでは，電子メール，動画配信サービス，Web参照サービス，ファイル転送サービス，リモートログインサービス，時刻サービスなどのサービスがある．それぞれのサービスに対して，インターネットからのサービス要求を受け付けるか，あるいはインターネットへのサービス要求を許可するかを設定する．例えばWeb参照サービスについては，企業内の情報が漏えいしないようにインターネットから企業内ネットワーク（イントラネット）への参照は許可しないような設定を行う．一方，業務を行ううえで，インターネットからの情報を有効活用するため，企業内ネットワークからインターネットのWebページを参照できるような設定を行っている企業が多い．

FTTH：Fiber To The Home（光ファイバによる高速通信）

Wi-Fi：Wireless Fidelity

　光ファイバ（**FTTH**）や**Wi-Fi**の普及により，インターネットへの接続が常時接続となり，インターネットから自宅の個人のパソコンに侵入されたりする危険性が高まってきている．このため，自宅でコンピュータを使う場合にファイアウォールやルータを設置することが増えてきている．自宅に無線LANを配置し，複数のコンピュータを利用して，ファイルの共有やネットワークプリンタの共有などを行っている場合，ファイアウォールやルータを設置しないと外部からの侵入によりファイルが破壊されてしまう危険性がある．

2. 暗号化

　情報が漏えいすることを防ぐための技術に**暗号化**がある．ネットショッピングを行う場合，クレジットカード番号をWeb上の画面に入力することがあるが，その場合，URLの先頭がhttps://だとクレジットカードの番号が暗号化して送信され，他者にカード番号が漏れないようになっている．

　文書を暗号化する場合には，その文書を一定の規則に従ってほかのデータに変換を行う．例えば，Aという文字をMに，BというをSに，Cという文字をAに…という具合に変換する．元の文書のABCという文字は，MSAという暗号化された文字になる．元に戻すためにはその逆を行う．Mという文字はAに，Sという文字はBに，Aという文字はCに変換することで元の文書に戻すことができる．ある文字を別の文字に変換するという暗号化は2000年以上も前から使われている．この変換の規則を一覧したものを暗号表という．

　元の文書を暗号文書に変換することを**暗号化**といい，逆に暗号化された文書を元の文書に変換することを**復号（または復号化）**という．暗号化するための規則のことを**暗号鍵**という．

　先の例の場合，1文字を別の1文字に変換するため，文字の出現する割合を分析すれば簡単に暗号鍵を見破ることができる．これに対し，2文字を別の2文字に変換することを行えば，より解読は難しくなる．この場合，暗号鍵が長くなり，**暗号の強度**が増したことになる．暗号鍵の長さが長いほど暗号の強度が増すことになり，暗号鍵の長さはビットで表現する．従来は40ビット程度の暗号鍵が使われていた．しかし，コンピュータの処理スピードが高速化し，40ビット程度の暗号鍵では見破られてしまうことがある．このため，より長い暗号鍵が使われるようになっている．現在安全とされている鍵の長さは1024ビットや2048ビットである．

　さて，先の例の場合，文字Aを文字Mに変換することが暗号化であり，このことから，文字Mを文字Aに変換する復号の方法を容易に推測することができる．このように，暗号鍵から復号方法が容易にわかってしまうものを**共通鍵暗号方式**という．

　共通鍵暗号方式の場合，暗号化するほうと復号するほうでは同じ

暗号鍵を持つ．暗号化する場合に用いた暗号鍵がもし外部に漏れてしまったら，暗号文を送っても，伝送の途中で盗聴されてしまえば元の文書に簡単に変換されてしまう．すなわち，暗号鍵を秘密にしないと解読されてしまう．共通鍵暗号方式では，文書を高速に暗号化してデータ転送することができるというメリットがあるが，暗号鍵が漏れてしまうと簡単に解読されてしまうという弱点がある．このため1970年代に新しい暗号方式が考案された．これが公開鍵暗号方式である．

3. 公開鍵暗号方式

公開鍵暗号方式では，暗号化に用いる鍵と復号に用いる鍵にはまったく異なる鍵を使う．暗号化するための鍵は公開されるが，復号の鍵は非公開となる．暗号鍵に対応する復号方法は一つしかないが，公開された暗号鍵から復号方法を見つけることは高速なコンピュータを用いて何年もかかるという計算量を要するため，実質的に暗号鍵が公開されても復号されることは不可能となる．

公開鍵暗号方式では当事者間ごとに鍵を作成する必要がなくなり，公開鍵を使うことで個々に対応した多くの鍵の作成やその管理をしなくてすむという利便性がある．また相手には自分の復号鍵を教える必要がないため，相手による暗号鍵の漏えいが暗号解読につながるという心配もない．

＊RSA：Rivest, Shamir, Adlemanの3人の名前に頭文字をとってRSAと名付けられた．

公開鍵暗号方式の代表的な方式として**RSA方式**＊がある．

簡単な例を紹介しよう．$0 \sim 54$ の数値 X に対し，それを7回掛けてその数を55で割った余りを Y とする．X が元のデータで，Y が暗号化されたデータとなる．例えば3の場合，3を7回掛けると2187になり，それを55で割った余りは42となる．

復号化は，その Y の数値を3回掛けて，55で割った余りで求めることができる．求められる数値は元の X と同じ数値となる．先の場合，42という数値を3回掛けると74 088となる．これを55で割った余りは3となり，元の数値に戻る．$0 \sim 54$ のどのような数値でも，同じ方法によりまったく別の数値に変換し，そして元の数値に戻すことができる．

この場合，55と7という数値が暗号鍵であり公開される鍵とな

る．そして3という数値が復号鍵で非公開の鍵となる．この例の場合，55と7と3とはどのような計算によって求めているかというと，55は5と11の掛け算であり，5−1と11−1の公倍数は，20，40，60…である．この数値に1を足した数値は，21，41，61…となる．このうち，例えば21は3×7であるため，3と7という数値が求められる．55の場合，簡単に5×11であるとわかるが，数十桁の数になると簡単に見つけることができなくなり，暗号としての役目を果たすことができるわけである．

公開鍵暗号方式の場合，図6.2のようにAさんからBさんに文書を送る場合，Aさんは，公開されているBさんの公開鍵を用いて暗号化をし，Bさんに転送を行う．暗号文を受け取ったBさんは，もう一つの秘密にしている復号鍵（秘密鍵）を用いて元の文書に戻す．

一般的に，共通鍵暗号方式は暗号化・復号が高速に行えるため，ファイルなどの大量データの暗号化に幅広く用いられている．それに対し公開鍵暗号方式は，暗号化・復号が共通鍵暗号方式と比べると処理が遅いという欠点がある．このため一般に電子メールなどでメッセージを交換する場合には，共通鍵暗号方式の高速性と公開鍵暗号方式の利便性を組み合わせ，公開鍵暗号方式で共通鍵暗号方式

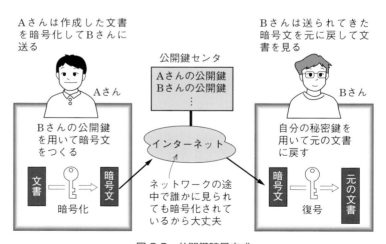

図6.2　公開鍵暗号方式

の暗号化鍵を暗号化し，メッセージ自体は共通鍵暗号方式で暗号化するという方法がとられる．

4. 電子印鑑・電子署名

公開鍵暗号方式を用いて，電子印鑑を実現することができる．印鑑の場合，本人しかその印鑑をもっていないため，それが押印されているかどうかで本人かどうかを認証する．電子印鑑・電子署名とは，電子データによりその文書を作成した相手が本当にその本人であるかどうかを印鑑と同じように確認するための方法である．

電子印鑑を簡単に説明すると，図6.3のようになる．AさんからBさんに文書を送る場合，Aさんは，非公開である自分の秘密鍵により暗号化した文書をBさんに転送を行う．Bさんは，受け取った文書をAさんの公開鍵で復号すると元の文書に変換することができる．Aさんの公開鍵で元の文書に戻すことができたということは，その文書がAさんの秘密鍵で暗号化されていたことになり，その暗号鍵はAさんしか知らないため，Aさんからの文書である

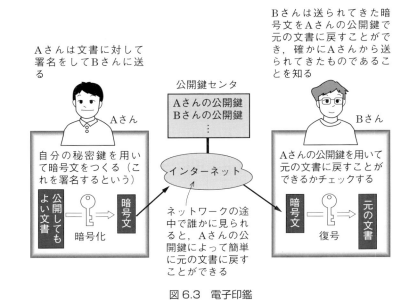

図 6.3　電子印鑑

ことを認証することができるのである．ただし，ここで送付される文書はAさんの公開鍵で誰でもが簡単に元の文書に戻すことができるため，秘密の文書を送ることはしない．

電子印鑑・電子署名の法的な取扱いなどに関する立法として，2000年5月31日に「電子署名及び認証業務に関する法律」，いわゆる電子署名法が公布されている．この法の施行により，紙の契約書に捺印したものと，電子署名したものとが同一の価値をもつようになった．

電子印鑑・電子署名は，本人が署名したことを確認できること（本人性の確認），その署名データに改変が行われていないこと（非改ざん性の確認）の二つの要件を満たしていなければならない．

電子印鑑・電子署名は，公開鍵暗号方式によるものだけでなく，眼球の虹彩パターンや指紋による方法もある．具体的には，あらかじめ読み取った指紋のデータをICカードに記録し，本人が常に携帯する．指紋を読み取る装置をコンピュータに取り付け，読み取られたデータとICカードに記録されているデータとを照合し，本人であるかどうかを認証するものである．本人確認のためのデータをコンピュータに記録しておけばICカードを持ち歩く必要はないが，情報の漏えいが行われた場合のリスクが伴う．このため，コンピュータ内部にデータを記録せず，ICカードに記録する方式が取られている．

▌5．情報倫理綱領

企業では顧客の個人情報を扱うが，外部への漏えいがないようにその個人情報を管理することが求められている．個人情報の漏えいはその企業への社会的信用を失わせ，多額の賠償金を支払うことになり，大きなリスクとなっている．

企業内での情報の管理が適切でないと，外部からの侵入などにより情報が漏えいすることになる．このようなセキュリティの欠陥を**セキュリティホール**という．

セキュリティホール：security hole

企業内の情報の漏えいは，情報の適切な管理が行われていなかったり，システムのセキュリティホールがあったりすると発生するが，企業内の情報が外部に漏えいするほとんどの場合は，内部の社

員による犯行であることが多い．このため，企業にとっては企業内の情報が漏えいしないような管理と社員への教育を行うことが必須となっている．情報が漏えいしないためには，企業内の情報の取り扱いに関する指針を定めた**情報倫理綱領**や，**セキュリティポリシー**を定めることがまず必要である．そしてその情報倫理綱領やセキュリティポリシーを社員が遵守するために，社員への徹底した教育を行うことも必要である．

6. コンピュータ技術者における倫理観

　コンピュータに関する高度な技術があれば，他人のコンピュータを破壊したり，情報を盗んだりすることが可能である．パソコンに記録されているデータは，暗号化されて保存されていることが少なく，そのコンピュータからデータを盗むことは高度な技術知識があれば可能である．コンピュータ技術者は顧客のシステムの構築や維持管理を行うときに，顧客データを扱う機会もあり，その内容を見ることも可能な場合がある．このため，コンピュータ技術者には，技術力だけでなく，高い倫理性も求められる．

　米国において，高度なコンピュータ技術を身につけた米国の高校生が国防総省のコンピュータに侵入した事件があった．その高校生は，仲間どうしで誰が一番先に国防総省のコンピュータに侵入できるかを競っていた．国防総省のコンピュータに侵入することが犯罪になるという倫理観よりも，どのようにしたら侵入できるかという技術論が先行していたわけである．侵入できた高校生は，特に国防総省のデータを盗んだり，改変したりすることを行わなかったことと，悪意がなかったこと，十分に反省していること，高校生であったことなどから，情状酌量となった．

　この米国の例のように，技術者が技術にのめり込むと周りが見えにくくなり，行っていることが社会的に許されることかどうかという判断が鈍ってしまう危険性がある．このため，技術者には，自由が許されている分だけ，社会的な責任や高い倫理観をもつことが必要となっている．

7. セキュリティ技術向上のための取組み

　企業のセキュリティの確保は，ほとんどの企業において必要不可欠なものとなっている．このため，情報セキュリティを管理できる者が，多くの企業で求められている．平成13年10月から，国家試験である情報処理技術者試験*に新たに「**情報セキュリティスペシャリスト**」の資格が加わった（当初は情報セキュリティアドミニストレータという名称であった）．この資格は，情報システムの構築や運用管理をする側だけでなく，情報システムを利用する側を対象とした試験である．

*www.jitec.ipa.go.jp

　企業内のネットワークはインターネットに接続されるのがあたりまえとなり，個人情報の漏えいの被害など年々新たな手口の犯罪が生じている．また情報セキュリティの管理は，単にネットワークセキュリティの確保だけでなく，先に述べたセキュリティポリシーや情報倫理綱領の策定なども必要であり，それらができる人材を育てることが社会的にも求められている．

　個人においても，新しい技術開発が先行し，その技術を使うための知識が不十分な場合も多い．コンピュータをインターネットに接続して，Webページの参照や電子メールのやり取りを行っていても，毎週定期的にウイルスチェックの定義ファイルを更新し，ウイルスチェックを行っている者は少ない．また最近ではWi-Fiや光ファイバの普及により，インターネットへの常時接続が一般化している．このため，より高いセキュリティを維持する技術がすべての人々に求められており，それらの教育が高校や大学において行われている．

8. 情報社会とセキュリティ

　情報社会の発展により，私たちの生活は便利になった．高速なインターネットが利用できるようになり，動画の送受信もスマホなどで手軽にできるようになった．しかし一方でサイバー犯罪が増えてきている．インターネット上では法律に触れるぎりぎりのサービスが次々と生まれ，法整備が追いついていかない状態である．

　サイバー犯罪の内容も年ごとに変わり，過去のカテゴリで分類できないような犯罪が増えてきている．

私たちの社会で情報システムやインターネットは不可欠な存在ではあり，多くの利便性を享受しているが，一方で情報システムやインターネットにより私たちはリスクを負っているのである．

■6.6 職業人としての情報倫理

▎1．電子メールの検閲について

ビジネスにおいて，取引き企業との連絡に電子メールは不可欠となっている．一般的に電子メールの内容を盗聴することは犯罪である．しかし企業において社員を管理する立場の者が，社員の送受信している電子メールを検閲することは合法であると米国の裁判において判決が下されている．

企業内での電子メールはビジネスに関するものであり，また電子メールを見る時間，見るためのパソコンやネットワークは企業のリソースを使って行われている．米国において勤務時間中にプライベートな電子メールのやり取りを頻繁に行っていた社員がいた．まず企業側はそれがどの程度なのかを調査し，事実であることが判明した時点でその社員を解雇した．電子メールの内容を閲覧していたことはプライバシーの侵害にあたるとして解雇された社員はもとの会社を訴えた．

裁判では，企業内で交わされる電子メールの内容を上司が閲覧してもそれは業務管理の一部であり，犯罪には該当しないという判決が下されている．

▎2．インターネットへの内部告発

社内の問題をインターネットを使って内部告発が行われるケースがある．インターネットの特徴として匿名性があるが，その匿名性を利用して，不特定多数が参画している掲示板に内部告発の内容が書き込まれてしまうケースがある．これにより社内での犯罪が発覚し，その結果その企業は社会的な信用を失い，業績が悪化，場合によっては倒産に追い込まれることもある．

内部告発により企業が大きなダメージを被った場合，内部告発を

行った者が保護されるように，公益通報者保護法が2004年6月に公布，2006年4月1日に施行されている．しかし，もし告発している内容が事実に反するものや不当なものの場合には，その告発された内容により被った被害の損害賠償の訴えを起こすことができる．また，事実と反する内容が掲示されていることに対してその掲示板を運用している者に掲示内容の削除を求めた場合，掲示板を運用している者がその内容を削除するといった行為が認められる．

　例えば，インターネット掲示板の「2ちゃんねる」に書き込まれた発言により名誉を傷つけられたとして，東京都内の動物病院と経営者がその掲示板の管理者に対して損害賠償の訴訟を起こした．平成14年6月26日に東京地方裁判所では，原告の主張をほぼ認め，掲示板の管理者に対して原告側に400万円の支払いと発言の内容の削除を求める判決を下している．

　インターネット掲示板に掲載される内容は膨大な量に及ぶ．判決では掲示板への書込みは膨大でその内容に対して真実かどうかを確認することは不可能であるとしたものの，「匿名の書込みで権利を侵害された者が発言者を特定して責任を追及することは不可能であり，掲示板の管理者が削除を行うべき」という理由で原告の主張を認める判決を下している．掲示板の特徴は匿名で自由に書き込めることであり，それを閲覧する側にも，その掲載内容がすべて真実ではないということを認識する必要がある．また，掲示板を管理している者は，掲載内容の削除などの管理が必要となってきている．

3. 人命にかかわる情報システム

　工場内で自動運転されるロボットや工作機械のコンピュータプログラムやデータに誤りがあり，それにより機械が誤動作をしたために作業者が死亡した場合，その機械を制御するプログラムやデータを作成した者が業務上過失致死で逮捕されるケースもある．プログラムの内容が誤っていたことにより人命が失われた場合には，逮捕されることもあるのである．

問1 情報犯罪を未然に防ぐため情報倫理綱領を定めている企業や団体がある．具体的にどのような企業や団体において，どのような情報倫理綱領が定められているのかを調べよ．

問2 個人情報が漏えいしないようにするためには，どのようなセキュリティ対策が必要かを述べよ．

問3 知的財産権とは何か，知的財産権に関連した犯罪にはどのようなものがあるか述べよ．

問4 サイバー犯罪の事例を一つ取り上げ，その犯罪がなぜ発生したのか，なぜ加害者はその犯罪を犯してしまったのかの動機，その犯罪にはどのような技術が使われたのかといった犯罪の手口，なぜその犯罪は摘発されたのか，その犯罪の被害者はどのような被害を受けたか，また加害者はその後どうなったかを調べよ．

第7章 情報社会におけるリスクマネジメント

　これまでの章で，現代社会には多くの情報システムが組み込まれており，もはや，情報システムなしには現代社会そのものが成り立たないとさえもいえる状況にあることを取り上げた．

　情報システムは，設計・仕様どおりに使われること，予期したとおりに動作することを前提としてつくられていたが，例えば，使用方法を十分に理解できていない利用者の出現，あるいは，ハードウェアの故障やソフトウェアのバグといった障害が発生するたびに，それらへの対応策が考えられてきた．

　この章では，情報システムを運営するにあたって発生する障害の可能性を「リスク」と呼び，この「リスク」をいかに下げるか，および，障害が起こったときに被害を最小限に食い止めるための「リスク」管理の方法を取り上げる．

7.1　リスクマネジメント

1. リスクと，リスクへの対策・準備

リスクマネジメント：risk management

　リスクマネジメント（危機管理）とは，システムやサービスなどを運営する際に生じ得る障害による被害を，いかに少なくするかという目的で考えられる方策のことである．

リスク：risk

まず，ここで「**リスク（危険）**」について考える．リスクとはすでに起こってしまった障害のことではない．「障害の可能性が0ではない状態」のことである．したがって，リスクが存在しても，確率的偶然によって，障害が起こらないですむこともある（そして，このことがリスクマネジメントを不要と考える人を0にできない原因でもある）．

リスクの中には，発生確率がある程度統計的に推定できるものとそうでないものがある．また，発生確率が推定できてもできなくても，その障害が起こったときに生じる被害があまりに甚大な場合も「リスク」といえる．

このようなリスクに対しては，あらかじめ対策・準備をしておくことが必要である．ここでいう対策とは，リスクの発生をなるべく回避する方法のことであり，準備とは，事前・事中・事後の際の行動手順・ルール・原則をあらかじめ定めておくとともに，その対応に必要となるさまざまな資源をあらかじめ確保しておくことである．また，対策・準備といっても，何を対策するのか，準備するのかという観点での議論も必要である．

2. リスクマネジメントの分類

リスクに対応する対策・準備が必要であるといっても，いきあたりばったりに準備していたのでは，むだな対応・準備になってしまうおそれがある．そこで，ここではリスクマネジメントに必要な項目を整理する．例えば，コンピュータの故障による顧客データの遺失について具体的に表すと表7.1のようになる．

このように，リスクマネジメントとは，リスクごとに，表7.1の欄H1～L4をすべて埋めることであるともいえる．

ここで「リスクごとの対応」という言葉を用いたが，リスクそのものも，
・発生確率がある程度を超えていて，数値的な見積りが可能なリスク
・発生確率が不明であるが被害が甚大なリスク

に分けられ，それぞれのリスクに応じた対策を考えておく必要がある．

表 7.1 顧客データの遺失に関するリスクマネジメント

	人的（H）	経済（M）	教育（E）	技術（T）	法（L）
1. 事前防御	故障をしないようにていねいに扱うなどの操作マニュアルを作成する	壊れにくい商品を選んで購入する	コンピュータはどのようにすると壊れるか，壊れると何が困るかをあらかじめ知らせておいて，事故を起こさないようにする	熱で壊れやすそうな部品には，例えば冷却ファンを付ける，無停電電源装置を導入する，鍵の掛かった箱の中に操作パネルを入れるなど	コンピュータに故障が起こっていないかどうかを定期的に点検するという規約を作成する
2. 事故対応の準備	緊急時に連絡がとれるシステム管理者を定めておく	あらかじめ動産保険などに入っておく	壊れたときの対応方法などをマニュアル化しておいて，日頃から練習などを行っておく，クラウドやデータセンターにデータをバックアップしておく	RAIDやmirrorなどを用いたシステムの二重化などを行っておく	コンピュータ故障時に誰がどのように責任をとるのかを明文化しておく
3. 事中対応	あらかじめつくられたマニュアルに従って対応をとる	緊急用資金を取り崩し，情報システムを修理したり，新しいシステムを発注する	事故が起こったときに関係者を集めて，状況の把握を依頼したり，あるいは，ほかの担当者や顧客などに事態を報告する	システム障害の原因発見を試みる	規約に従ってシステムを停止する
4. 事後処理	問題の程度に応じて，関係者に注意を行ったり，システム管理の担当者を変更する	被害の程度を見積もり，必要ならば顧客への賠償を行うとともに，次のトラブルに対応できるように保険や非常用資金などを見直す	被害のようすをまとめて報告書を作成し，関係者・顧客に配布する	故障の原因となった設定や機器を取り除く	リスクの対応マニュアルや規約，法律を見直して，より被害が少なくなるように改訂を行う

例えば，販売店で作成している小規模な顧客データベースについても，リスクの種類として
- コンピュータの故障による顧客データの遺失
- 顧客データの組織内部の人間による持ち出し
- ソフトウェアアップデートの結果，顧客データ引出し不可能

などのようなリスクがある．

7.2 リスクマネジメントの例

本節では，リスクマネジメントの成功例・失敗例をいくつか取り上げ，前節で説明した各項目について点検する．

1. 個人情報管理

個人情報の管理の場合，リスクとなる可能性のある項目は
- 個人情報の漏えい
- 個人情報の遺失
- 目的外個人情報の収集

などがあげられる．これらのリスクを引き起こす要因には
- コンピュータの故障
- 内部からの持ち出し
- 外部からの攻撃

がある．以下，これらの項目・可能性について検討を行う．

「コンピュータの故障が原因となる個人情報の遺失」の場合は，すでに 7.1.2 で説明した例にあるような項目がリスクマネジメントとして考えられる．しかし，単なる遺失ではなく漏えいが起こったときの対応は，すでにあげたものとは異なる．

例えば，一定の商品・サービス購入者に対する Web アンケートデータが Web サーバを通して漏えいした場合，その商品に興味のある人の氏名などの情報が漏えいし，その個人情報を必要としているライバル他社や，まったく無関係な興味本位の第三者の手にも渡る．その結果，商品販売で優位性を失ったり，あるいは，その個人に対して，いやがらせなどが行われたりする可能性を否定できない．

したがって，このようなリスクに対しては，漏えいした個人情報の当人に対する補償問題，慰謝料の支払いが必要になる．そこで，過去に発生した事件・事故において，どの程度の補償金・慰謝料を支払っているかを調査しておくことも重要である．また，保険会社と相談して，適切な保険をかけておくことが有効である．

2. 天災などのリスク

ここでは，水害，地震などの天災や，火災，停電などの天災に準ずるリスクへの対策を考える．

まず，自然天災といえる災害の場合は，それらの災害が起こりにくいところにコンピュータの設置箇所や操作箇所を移す，あるいは，あらかじめ起こりやすい災害に対応した施設・設備を用意しておくことが必要である．

例えば，はんらんしやすい川が近くにある場合には，地下室にコンピュータルームやデータ保管室，電源装置室を置かない，地震の可能性が高いといわれている地域にはコンピュータ設備を置かない，湿度が高く，雨がよく降る地域では，コンピュータルームに除湿機を設置しておくといった項目である．また，これらのリスクが避けられない場合には，事故対応の準備，事故対応，事後処理のマニュアルを整備しておくことが必要である．

次に，人災と捉えることもできる災害の場合，それらの人災を防ぐことが，事前防御となる．この場合の事故対応の準備，事故対応，事後処理は，一般の「人災対策」に織り込んでおくことも必要であるが，別途にコンピュータネットワークに関する特別な対策も考えておく必要がある．例えば，火災への対策の一つにスプリンクラーの設置が考えられるが，コンピュータの真上にスプリンクラーを設置して大量の水をかけることは，データ保護の観点から問題が生じる．この場合，絶縁性の高い消火剤などをかけることで，コンピュータへの影響をなるべくなくすような対策を考えておくべきである．

人災に相当するトラブルとその対応の例として，2001年9月11日にニューヨークで発生した世界貿易センタービルへのテロ事件の例を考察する．この事件の場合，想定できない場所・時間・理由・

規模で事件が発生し，社内の資産のほとんどを失った企業も多かった．だが，テロ事件の発生は想定していなくても，日頃の危機管理としてデータセンタを二重化するとともに，障害発生時に迅速に切替えができるように設計しておくなどのように，ビル火災や停電などを原因とするデータ遺失への対策を行っていた企業は，少なくとも「情報」という形態の資産を失うことはなかった．この事件は，情報のバックアップという観点においては，たとえ想定していない事件が起こった際でも，既知のリスクマネジメントが効果的であったという実例になっている．

3. 個人情報の資産価値

どんな情報でも，それを必要としている者にとっては価値が認められる．

前項で取り上げたように，個人情報は，その情報を利用して効果的な宣伝を行ったり，顧客動向をつかんだり，マーケティングを行ったり，あるいは，ライバル他社の顧客情報を手に入れたりすることができるという点で，非常に価値が高い情報である．それゆえに，個人情報の資産価値については，それをどのように評価するかという問題も含めて，あらかじめ準備をしておくべきである．

例えば，X市役所で1998年4月に発生した，住民基本台帳データ漏えい事件では，2001年12月25日，Y高等裁判所において「住民1人当たりの精神的慰謝料と弁護士費用は，合計15,000円」という判決が出ている．また，データ漏えいを行ったアルバイト大学院学生を雇用したシステム管理会社とX市役所の間では，「住民に対するお詫びの印刷費用とそれに伴う職員の残業費用」として400万円で示談が成立している．

ところが，このような事件・事故が発生した場合，X市役所の例にあるように，裁判に持ち込まれて賠償金額や慰謝料が明らかになることはまれである．たいていの場合は，流失した本人に対する「お詫び」としての慰謝料が非公開で支払われ，法的には「示談」として扱われてしまっている．そのため，「一人の個人情報がどの程度の価格であるか」の例はなかなか調査しにくい．

しかし，いずれにしても，個人情報の漏えい事件の収拾には多額

の費用がかかることをあらかじめ予見し，リスクマネジメントとして，それより低額の費用をかけて，個人情報の漏えいが起こらないように対策をとっておくべきである．

なお，この例では，内部で業務に携わっていた者がデータを持ち出すことによって個人情報が漏えいしているが，最近では Web を用いた商品発注が個人対企業や個人対個人でも広く普及した結果，データ処理ソフトウェアの欠陥や，Web サーバの設定ミス，Web サーバのセキュリティホールなどによるインターネットへの個人情報漏えいも起こっている．

4．その他のリスクマネジメント

前節までにおいて，主に個人情報の漏えい事件・事故に関するリスクマネジメントを詳細に取り上げた．例えば，犯罪性がある場合とない場合，内部から持ち出される場合と外部から引き出される場合などである．これらの問題への対策，準備，対応，事後処理を，人・経済・教育・技術・法の観点から考察した．

最後に，いくつかの事件例を取り上げ，リスクマネジメント全般について述べる．

(a)「漏れた年金情報」事件

2015 年 5 月に，メールに添付されたファイルに仕組まれたウイルスを利用して，年金加入者に関する情報が外部に流出した，という事件である．

この事件では，職員が，年金情報に関する作業を，外部のネットワークに通じるパソコンで行っていた．5 月 8 日，そのパソコンで，外部から届いたメールを開いた際に，公表されていない脆弱性を利用したコンピュータウイルスにパソコンのソフトウェアが感染し，その後，当該パソコンを利用してさまざまな個人情報が外部に密かに流出していった．この直後，ネットワーク監視によってウイルス感染を察知した内閣サイバーセキュリティセンターが日本年金機構内部に指摘を行ったが，同機構は，この端末を隔離したあとに除去作業と簡易な注意喚起を行っただけであった．その際に，担当者への十分な注意喚起などを行わずに業務を続けていた．5 月 28 日には，匿名掲示板の同機構に関する話題を扱うところに「ウイルス感

染した」という書き込みが行われた．同機構の感染した端末があったネットワークは，6月4日までインターネットと接続されていて，情報漏洩がさらに拡大したと推測されている．

本来なら，このような重要な情報を取り扱う機器は，インターネットから分離するべきであり，特にWeb閲覧やメール閲覧を禁止すべきであった．そのようにしておけば，ウイルス感染を防ぐとともに，万一感染した場合の情報漏洩を防ぐこともできた．また，事故が発覚した際には，利用者相互での注意喚起について準備ができておらず，結果として，関係者どうしでの情報交換・周知徹底が行なわれないままであった．これらの手順などについても，十分な規定・ルールなどが整備されておらず，さらに，5月29日の事件発生公表後も，ネットワーク接続が切り離されないまま運用を続けていたということから，ウイルス感染や情報漏洩に関するリスクマネジメントができていなかったということができる．

(b) 倒産企業の個人情報・企業合併

顧客の個人情報を大量に保有している企業が倒産した場合，あるいは，企業合併によって他企業と一緒になった場合の個人情報の取扱いについても検討をしておく必要がある．

顧客の個人情報は企業の資産である．したがって，その個人情報を保有していた企業が倒産した場合，企業の個人情報が資産として管財人によって売却されることになる．しかし，その個人情報を購入した企業であっても，当該個人情報を収拾したときの目的に反して使うことはできないと考えるのが自然であろう．

例えば，レコード店が倒産したときの顧客個人情報資産が，たとえオーディオ店に売却されても，購入したオーディオ店は，その個人情報を自社で利用してはならないということである．これは，「収拾された個人情報は，収拾時の目的以外に使用してはならない」という個人情報の取扱いに関する基本的なルールを考慮すると当然である．少なくとも，レコード店が個人情報を収拾する場合は，レコード購入に関する個人情報として顧客から許可をもらって収拾したはずであるから，それらの個人情報をオーディオ店が利用しようとするならば，改めて，用途を明示して，各個人情報の保持者から承諾を得る必要がある．

しかし，企業合併の場合は問題が異なってしまう．また，企業合併であっても，同業他社と行われる場合は，個人情報収拾の際に行われるはずである「目的の告知」も，合併後の企業が同じ内容を引き継ぐことが可能となってしまうことから，合併後の企業が「目的外の利用」にあたらないとみなされる．

より問題の発生を遅らせ，あるいは問題の障害への対応を準備するには，こういった個人情報を利用しないという方針が最も正しいが，現実には，多くの企業が合併相手の個人情報を資産とみなして活動していることから，企業合併や倒産の際の個人情報資産の取扱いも，なるべく早めに検討しておくべきである．

▌5．リスク評価による対策の事例

ここでは，古い例ではあるが，リスク評価に基づいた対策を早期に行って，対応できた例を述べる．2001年2月1日，通商産業省電子技術総合研究所（当時の名称．その後，産業技術総合研究所に改組）のインターネットアプリケーションセキュリティ脆弱性研究グループは，P社の運営するWebサイトにセキュリティホールがあることを発見し，P社のWeb管理担当者に非公開で通知を行った．

P社のWebサイト管理者は，この通知を受けとると直ちに指摘の信憑性を調査し，指摘どおりの脆弱性を発見した．そこで，企業のイメージに大きな打撃を与えると判断し，関係するサービスを直ちに中止した．そして，P社は，当該サービスを構築した外部のシステム会社Q社と共同で指摘された脆弱性がなくなるようにシステム改良を行ったが，それには3日間が費やされた．

指摘された脆弱性は，当時はほとんど知られていないタイプのものであったため，実際に，P社のWebサイトからインターネットにさまざまな情報が流失したという通信記録は発見できなかったものの，P社はWebサービスを再開するにあたって，「当サイトの緊急メンテナンスについてのお知らせ」という文書を掲示し，Webサイトに脆弱性があったこと，その対策のためのシステムサービス中止であったことを公表した．

3日間の停止期間，購入希望者からの注文を受け付けることができなかったことから，その間の遺失利益は相当の金額になったと予

想される．しかし，P社のWebサイト管理担当者は，「脆弱なWebサイトをそのまま放置して顧客データや製品開発情報が遺失した場合の損失のほうが大きい」と判断し，その結果，緊急メンテナンスを行ったと予想される．

前述の日本年金機構は，この事件から教訓を学んでおらず，ウイルス感染が原因で社会的な信用を失い，厚生労働省から指導を受けてしまった．一方，この事件にかかわったP社は，リスクマネジメントが成功していた例といえる．

6. 情報リスクマネジメント関連企業

この項では，情報リスクマネジメントに関連する企業について取り上げる．

(a) データウェアハウス・クラウドサービス

企業が保有する資産のうち，情報資産に代表される知的財産は，思いも寄らないことで一瞬のうちに消失してしまう可能性がある．そこで，これらの情報を外部機関に預け，必要に応じて引き出して利用するという方法も考えることが可能である．そのような情報を預かる企業を**データウェアハウス**という．

また近年は，これらのデータを保有するサーバの場所を，仮想サーバの活用などで一定の場所に固定せずに運用する技術が開発され，それを利用した情報基盤を構築できるようになった．このような情報基盤のことを「**クラウド**」と呼び，クラウドを利用した情報サービスである「**クラウドサービス**」の利用が進んでいる．クラウドのなかには，無料で利用できるようにしている事業者も存在するが，預けた情報の知的財産に関する権利の取扱いや，遺失時の補償について確認したうえで，十分に信用できる相手を選択することが重要であろう．

当然であるが，クラウド上に情報を置く場合には，クラウド運営業者自体の信頼性と，技術水準に関する，正確な評価も必要となる．また，運営業者の本社がある国や，万一，運営業者を相手取って裁判をすることになった際の手順などを確認しておく必要もある．

なお，知的財産を外部に保管しない・できない場合は，その知的財産の管理を内部で行う必要がある．その場合でも，知的財産の管

理には
- 外部業者に委託して社内で作業をさせる場合
- システム構築を外部業者に委託して社内で作業をさせ，データ取扱いは内部で行う場合
- 完全に社内で管理作業を行う場合

の3通りが考えられる．それぞれについて
- 責任分界点
- 責任範囲
- 免責項目

を定めておく必要があり，これらを定めることが適切なリスクマネジメントにつながる．

(b) 情報システム構築企業

例えば，企業がシステム業務を外部に委託する場合に，知的財産のリスクマネジメント業務も同時に委託をすることもある．すなわち，顧客とのユーザインタフェースや在庫管理といった業務ソフトウェアの提供のみならず，システムで利用するソフトウェアのライセンス管理や，セキュリティ確保，そのためのシステム構築まで一体化して業務委託を行うことになる．

しかし，実際にどのようなデータを入力するか，処理するかといった作業までも外部業者に委託する場合と，それらの情報の取扱いは外部に委託しない方法がある．

どの方法にも長所と短所が存在する．

システム構築もデータも外部業者に委託する場合には，委託コストが比較的高く，データの機密保持に関しても完全性を期待できない．一方，完全に社内で知的財産の管理を行う場合は，担当者の育成・教育が必要となる．データの取扱いのみを社内で行う場合は，データ取扱業務担当者と外部業者の間の意思疎通を活発に行っておかないと，思いも寄らないデータ処理に業者が対応できず，システムダウンに陥ってしまう場合がある．

(c) 情報セキュリティコンサルタント・調査会社・監査会社

日常の業務において，情報セキュリティ上の問題点が生じた場合に，契約に応じて，通報に応じて適切なアドバイスや，処理などを行う会社が存在する．また，これらの企業の多くは，監査や教育も

引き受けており，組織・企業内の情報セキュリティに関する問題点を調査したり，社員教育を実施することもある．情報セキュリティに関する専門家を社員として雇用できない場合に，これらの企業を利用することが必要となる．

7.3 リスクマネジメントに関する法律

1. 著作権に関する法律

知的財産などの無体財産の場合，盗難や無断利用をされても，情報そのものが減少するわけではない．しかし，その情報を利用する権利保持者にとっては，権利保有の利益を失うことになる．

例えば，よく売れる本の場合，重要なのは文章やイラスト，写真などの情報であって，紙そのものではない．したがって，別の紙に同じ内容を複製することは，その本の出版を行って得られた利益を減少させることにつながる．

このような無許可複製を禁止するために存在しているのが，著作権の概念であり，著作権法である．日本の著作権法は国際条約に基づいて制定されており，したがって，著作権法に違反する行為は，海外から訴追される可能性がある．著作権にかかわる国際条約にはベルヌ条約と万国著作権条約があり，条約加盟国や著作権の有効な宣言方法などが異なっている．

一般に海外に製品を輸出しない企業の場合は，国際的な知的財産の保護に無関心な場合が多いが，インターネットを利用して業務を行う企業の場合は，意図しない著作権侵害が起こる可能性も考えて，関連する法律を調べておくべきである．

2. 個人情報に関する法律

インターネットが広範囲に普及した現在では，個人情報の保護は常に気をつける必要のある重要な問題である．すでに，7.2節などで例をあげて説明したように，特に顧客情報の取扱いに関しては，関連する法令をよく調べておく必要がある．「個人情報保護に関する法令」には，国家が定めるものと，各自治体が定めるもの，さら

に，取引き関係にある外国が定めるものがある．

例えば，日本国内にある A 社と，その子会社で X 国にある現地法人 B 社の場合，B 社のもつ顧客情報を親会社である A 社に送信してよいかという問題が存在する．「B 社は A 社の子会社で，それも単なる現地法人にすぎない場合なら，A 社と B 社の関係は密接だから顧客情報の流通も自由に行える」とは限らない．

3. 特許に関する法律

著作権の場合，著作物を作成した国における著作権の発生基準さえ満たせば，ベルヌ条約加盟国に対しては法的対抗力をもつという特徴がある．しかし，特許に関しては，効力は申請された国内のみで有効であり，したがって，特許に値するような発明を行った場合は，工業先進国のほぼすべてで，同時に特許申請を行う必要がある．

また，特許には「公知の事実は特許とならない」という決まりがあり，ある企業で開発した発明であっても，それを不用意に公開したり学会発表を行ってしまうと，特許申請の権利を失ってしまう．社員による Web ページ作成や，企業内部でのみ運用するべき Web サーバの設定の際には，こういった特許に関するトラブルが起こる危険をあらかじめ計算しておくべきである．特に，特許によって得られるはずの利益が得られなくなった場合の損失額を算定しておくことは，Web サーバの管理にかけるべきコスト算出の参考になる．

4. 情報セキュリティ関係

不正アクセス禁止法や，ウイルス作成罪（不正指令電磁的記録に関する罪）などがある．

5. その他の法律

インサイダー取引，職業上知り得た秘密，公正な競争に反する行為なども，それぞれに応じた罰金，賠償金などが発生する．具体的には，商法，民法，不正競争防止法といった法律が関連する．

さらに，WTO や，TPP などの国際条約の取り決めなどによって，個人情報や知的財産などの流通に規制がかけられていることがある．

また，公務員の場合は「公務員倫理規定」があり，民間企業の場合も社内に服務規定が存在する．情報ネットワークでの行為に限定していない規定であっても，情報ネットワークに関する行為がこれらの規定に束縛される．

　公務員の場合はさらに，「行政文書の公開」が義務づけられている．個人情報や行政行為の執行上必要な秘密の保護を図るとともに，公開しても差支えのない情報を取捨選択するという判断も必要になる．公務員が行った業務によって発生した損害賠償に関しては，民間企業の場合と異なる判断が行われることがあるが，最近は独立行政法人や行政サービスの民間委託なども普及してきており，従来のような判断が一律に適用されない場合がある．

演習問題

問1 本文で取り上げた以外のコンピュータネットワークにおけるリスクを具体的に述べよ．また，そのリスクに対してどのようなリスクマネジメントができるか，表7.1のすべての項目を埋めよ．

問2 次の状況を想定して，複数の人でロールプレイングシミュレーションを行って，その感想を述べよ．
【状況】あるメーカの製品に対するクレームがWeb掲示板に書き込まれた．そこで，そのメーカの社員の役と，そのクレームを書き込んだ人の役で，どのような行動・対応をとるかを考えよ．

問3 商標権について，インターネットを使って調査せよ．また，具体的に「商標」として日本国内で認められていると思われるものを10個あげよ．

第8章

明日の情報社会

　私たちが生活するこの情報社会は今後どのような発展をとげるのであろうか．社会のさまざまな場面での情報化により，私たちの生活様式が変わり，新しい価値観や行動様式が生まれつつある．
　この章では今後の情報社会がどうなるのか，私たちの生活がどのように変わるかを考えるうえでのヒントとなるさまざまな事例を紹介する．

■8.1　仮想社会

■1．バーチャルコミュニティ

　インターネットでは同じ趣味や悩みなどをもつ人たちが情報交換を行っている **SNS** や**チャット**，掲示板がある．SNS では，自分の氏名，性別，年齢を非公開とし，匿名で参加することが可能なものもあり，そのグループに属しているメンバの中で情報交換を行うことができる．近くに悩みを相談できる人がいなかった人々が，インターネットの普及により，場所を超えて同じ悩みや趣味，好みをもつ人どうしが知り合うことができるようになった．同じ悩みをもつ仮想的なグループの中で，人にいえなかった悩みを匿名でわかり合い，慰めを受けることが行われている．

SNS：Social Network Service
チャット：chat

このようにインターネットという仮想的な空間において仮想的なコミュニティが形成されている．このようなコミュニティを**バーチャルコミュニティ**という．

バーチャルコミュニティ：virtual community

これまで私たちは知識や情報の多くをリアルなコミュニティから得てきた．それは企業や学校，地域社会，家庭であった．しかし，現在ではこのようなリアルなコミュニティ以外のバーチャルコミュニティから知識や情報を得ることが多くなりつつある．

高付加価値な商品やサービスを生み出すために，企業の経営資源において人・物・金以外に情報や知識が重要な経営資源となってきているように，人間においてもどれだけ知識をもっているか，また，知識を得るための手段をどれだけもっているかが人の価値を決めるようになってきている．このため，人の価値は情報や知識をどれだけもっているか，さらに知識や情報を得るための手段であるコミュニティにどれだけ参加しているかによって決められるようになりつつある．リアルなコミュニティでは限界があり，必要な知識や最先端の情報を得るためのネットワーク上のコミュニティに参画することが，自分の価値を高めるために不可欠となりつつある．

▌2．バーチャルリアリティ

現実的な世界を連想させるような映像をコンピュータを駆使して仮想的につくり出した世界を**仮想現実**または**バーチャルリアリティ**という．テレビゲームの世界も一種の仮想現実である．映画の特殊撮影にもコンピュータグラフィックスが使われており，仮想的な世界を演出している．コンピュータでの高速な映像処理ができるようになり，よりリアルで仮想的な3次元映像が安く早く手軽にできるようになった．以下に例をいくつかあげる．

バーチャルリアリティ：virtual reality

ある人は，趣味が釣りだという．その人は，これまでに釣った魚を携帯電話に保存している．趣味の釣りとは携帯電話による釣りなのである．釣りの場所を選択すると，その時間の天候や気温が表示される．針や餌などをメニューから選択して，携帯電話をマナーモードに切り替えて糸をたれていると，しばらくして携帯電話が震えてその場所に生息する魚がかかったことが知らされる．魚がかかると，携帯電話に表示されたメニューに従って，携帯電話を釣竿のよ

うに動かし，その魚を捕獲するというしくみである．その釣りのサービスを提供している携帯電話のWebサイトでは，順位までが表示される．

　現在の子供たちは，外でサッカーをするのではなく，テレビゲームでサッカーを楽しむ．ロールプレイングゲームで冒険を行う．次々と武器を手に入れ敵を倒して先へ進む．もし自分が負けてしまったらリセットボタンを押して始めからやり直す．ゲームの世界で，どのような武器を入手したらよいのか，どのように戦ったら敵に勝てるのかを模索しながらゲームの先へと進む．このときに行った状況判断が，一つの経験となってその子供の記憶に蓄積される．

　コンピュータによるゲームでは，さまざまな場面で意思決定を行う必要があるが，ゲームを通じて目的を達成するための方法を学ぶ．子供たちはコンピュータゲームという仮想的な世界でいろいろな経験をし，さまざまな知識を学んでいる．この知識はゲームクリエイターによって作り出された世界観で成り立っている．このテレビゲームを通じて得た経験がその後の人生の中で現実に意思決定を行うときに，まったく影響がないとはいえないのである．

　人間の顔をした魚と対話をしながらその魚を育てるというテレビゲームがあった．コンピュータはそのゲームの中で質問をし，操作をする者の年齢や性別を音声で認識をし，それに応じて会話を行う．質問をするとそれに答える．コンピュータとの会話を通じて，癒しを受けたり，ストレスを感じたりする．

　このような仮想現実の世界が私たちの世界に身近になってきてからまだ30年もたっていない．今後，ますますコンピュータの処理スピードは早くなり，よりリアリティのあるものが現れてくることだろう．そしてコンピュータと人間とがスムーズに会話することができるものも現れてきている．スマホに声で質問すると，その答えを音声で教えてくれる．子供は，自分の経験や親，教師から学ぶのではなく，コンピュータによりつくり出された仮想的な世界においてさまざまな経験をし，コンピュータとの対話からさまざまな知識や価値観を身につけていくことになっているのである．

3. ペット型ロボット

　手の中に収まる小さな電子玩具がブームになったことがある．その玩具は，購入したときには卵の状態で，それを育てると立派な大人の動物に進化するというものであった．育てている最中に，餌をあげるなどの面倒をみてあげないと死んでしまったり，ひねくれた性格に育ってしまったりすることがあった．死んでしまった場合，その玩具のリセットをして最初から育て直すことができた．電子玩具により動物を仮想的に育てるという体験ができるものであった．

　現在多くの集合住宅では犬や猫を飼うことが禁止されている．電子玩具やテレビゲーム，ロボットであれば，近所迷惑にもならず集合住宅でも飼うことができる．餌代もかからず，長期の外出をすることもでき，散歩に連れていく必要もない電子ペットが現れてきている．

　動物を飼うとき，動物は人間よりも弱い存在であり，散歩や餌などその動物の立場に立って考えることが必要であることを人間は学ぶ．人間の都合を優先させたら動物を育てることはできない．しかし，ペット型ロボットでは長期不在のときには電源を切っておけばよい．人間の都合を優先させて育てることが可能となる．

　また最近，ペット型ロボットにより癒しを受けているという例もある．身寄りのない老人を集めた施設や病院では衛生上の問題から施設内で動物を飼うことはできない．しかしロボットであればその問題がない．ペット型ロボットの中には，はじめはうまく歩くことができないが，次第に成長し，飼い主の訓練により，ロボットの学習が進み性格が形成され，さまざまなことができるように育てることができるものもある．このペット型ロボットを通じて，動物を育てることの楽しみを味わうことができ，それが飼い主の生きることへの励みにもなっている．

■ 8.2　生活の情報化

1．携帯電話や電子マネーを使って買い物をする

　すでに携帯電話やスマホを使って地元のスーパーにないものでも

買い物ができるようになっている．携帯電話には，音声の通話や画像を送受信する機能のほかに，個人を認証する機能や決済を行う機能がある．携帯電話の ID やパスワードにより個人認証を行うことができる．また，電話料金は毎月銀行から引き落とされるため，電話料金と一緒にほかのサービス料も引き落とすことができるという決済の機能も備えている．これらの機能を使うと，携帯電話を使った新しいサービスが可能になる．

　電子マネーで自動販売機の缶ジュースを購入することのできるサービスも始まっている．自動販売機に携帯電話や電子マネーのカードをかざすことで缶ジュースを購入できる．缶ジュースの代金はあらかじめ入金していたプリペイドカードや，登録した口座から引き落とされる．

　このように携帯電話や電子マネーでの決済ができるようになった場合，利用者にとって便利である以上に，店舗にとってのメリットが大きい．店舗にとっては購入した顧客の個人を特定することができる．この顧客情報を経営に活用することにより，より効果的な販売戦略を立てることが可能となる．

　企業経営において，顧客情報や販売情報を活用して，効率的・戦略的な経営や営業活動，広告宣伝活動を行っている企業と，それを行わず機会損失が発生している企業とでは大きな差が生じている．いかに顧客情報を集め，それをコンピュータで処理し，そこから判明した情報をいかに経営戦略に生かすかが重要になってきている．

　また，インターネットなどのネットワークを活用することで，企業は新しいビジネスモデルでビジネスを行うことができる．今後の企業経営においては，従来の店舗完結型のスタンドアロン型のビジネスモデルではなく，インターネットを活用した新しいサービス，新しいビジネスモデルをいかに構築するかが重要となる．

　企業の IT 戦略は，企業経営の効率化という段階を終え，インターネットを活用した新しいサービスを商品の中に組み込んでいくという段階に来ている．

2. ソフトウェアの購入方法の変化

　パソコンのソフトウェアの購入方法も変わってきている．パソコ

ンのソフトウェアを店舗で購入して，パソコンにインストールして使用するというソフトウェアの買取り形態から，新しい購入形態が現れてきている．その一つがインターネットからソフトウェアを**ダウンロード**することで購入する方法である．

> ダウンロード：download

パソコンのソフトウェアが販売されている店舗には，ソフトウェアのパッケージが並んでいる．しかしその中身はというと，CD-ROM がたった 1 枚と簡単な説明書しか入っていないということがしばしばある．ソフトウェアの価格は数万円に及ぶものもあるが，その原価は，パッケージの箱代と CD-ROM 代であり，数百円程度である．ソフトウェアを購入する場合，私たちはパッケージの大きさやその現物を見て判断しているわけではない．CD-ROM の媒体を購入しているのではなく，そこに書き込まれた電子データを購入しているのである．電子データであれば，通信回線で入手することができるため，インターネットから直接購入することが可能である．

さらにソフトウェアの新しい購入形態として，ソフトウェアの買取り形態ではなく，インターネットのクラウドサービスを使った分だけ費用を支払うというビジネスも始まっている．この場合，ソフトウェアを購入するというよりもサービスを購入するという表現のほうがわかりやすい．このようなサービスを **SaaS** 型クラウドという．SaaS を使うことで，使う分だけの支払いですむため，経費を節約することができる．またシステムを導入するとなるとそのためのコンピュータを用意したり，そのシステムを導入後，維持管理を行ったりすることなどに費用がかかる．しかし，クラウド上のコンピュータを使ってサービスを受ける SaaS の場合，システム導入までの期間を短縮でき，システム導入の費用や運用管理の費用を軽減できるという効果がある．

> SaaS：Software as a Service

3. 身の回りにあるコンピュータ

私たちが生活している身の回りには数多くのコンピュータがある．家庭の中では，テレビ，ハードディスクレコーダ，携帯型音楽プレーヤ，冷蔵庫，電子レンジ，炊飯器，洗濯機，エアコン，時計，ディジタルカメラ，ビデオカメラ，電話機，ファックス，携帯電話，スマホなどの家電製品に小型のコンピュータである**マイクロコンピ**

ュータ（マイコン）が組み込まれている．

マイコンを組み込んだ電子レンジでは，温度の異なる食品を一緒に入れても，その温度を感知してそれぞれの食品を暖めるのに適切な強さの電磁波を変化させ，同じでき上がり温度にすることができる機種もある．洗濯機では，マイコンが水の汚れを感知し，洗い方を自動的に調節する機種もある．

自動車にも数十個のマイコンが使われている．エンジン制御，表示パネルの制御，エアコンの制御，カーオーディオの制御，**カーナビゲーションシステム**などである．自動車のエンジンも高機能化している．例えば，エンジンと電気モータを併用して走る**ハイブリッドカー**には，約 100 個のコンピュータが使われているものがある．

1 世帯当たりが所有するコンピュータの数は 100 個以上にもなり，この数は年々増加している．

カーナビゲーションシステム：car navigation system

ハイブリッドカー：hybrid car

4. なぜ電気製品にコンピュータが組み込まれるのか

マイコンが組み込まれていなかった時代の電気炊飯器（電気釜）では，タイマによりヒータのスイッチを入れることでご飯を炊くことができた．この場合，タイマには炊ける時間をセットするのではなく，電気炊飯器の電気のスイッチが入る時間をセットする．すなわち炊けるまでの時間を差し引いて，タイマの時間をセットするのである．またヒータの強さは炊けるまで常に同じであり，炊けるまでに火加減を調節する機能などなかった．

電気炊飯器にマイコンを用いることで，タイマで設定された時間にご飯が炊けるようになった．電気炊飯器のマイコンにおいて，操作ボタンや温度センサ，圧力センサがコンピュータの入力装置となる．またあと何分で炊けるかなどを示す液晶の表示装置やヒータを制御するスイッチなどが出力装置となる．マイコンは温度センサの値と最適な値との比較を行い，ヒータの強さを制御する．

電気炊飯器において最も美味しく炊ける炊き方をさまざまな温度変化や圧力変化のパターンで実験を繰り返し，そのデータをもとにヒータなどの制御を行うソフトウェアやデータを作成する．マイコンを組み込めば美味しいご飯が炊けるのではなく，マイコンに組み込まれるソフトウェアやデータにより美味しさが決まるのである．

つまりこのデータにより他社の製品との差別化ができるのである．しかし，電気炊飯器を購入するときにその中に組み込まれているソフトウェアやデータを見ることはできず，製品の良否を判断することが難しくなっている．

マイコンの組込みは，競合する他社の製品との差別化を図るために行われる．より高い付加価値をつけることによって商品の価値を高め，競争に優位に立とうとするために行われる．しかし，一方でその商品の優位性を消費者に説明するのが難しくなってきている．

多くの製品にマイコンが組み込まれるようになり，製造メーカにおいてはマイコンを組み込むことにより，どのような新しい価値を提供できるのかのアイディアや，そのアイディアを実現するための技術力が，企業が生き残るために必要不可欠になってきている．

今までコンピュータとはまったく縁のなかった商品にもマイコンが組み込まれるようになってきている．近い将来，靴にマイコンが組み込まれ，その日に歩いた歩数を自動計測し，さらにカロリー計算までしてくれるものが出てくるだろう．洋服や下着にもマイコンが組み込まれるなどして複数のマイコンを身につけながら生活する時代となるだろう．

マイコンを靴に組み込む場合，靴を製造する技術だけでなく，コンピュータを組み込むための技術やそのコンピュータを制御するソフトウェアの開発技術が必要となる．このため，多くの業種でコンピュータやシステムを設計できる技術者が求められている．

5. 将来の身の回りの情報機器業

ウェアラブルコンピュータ：wearable computer

ヘッドマウントディスプレイ：head mount display

AR：Augmented Reality

ウェアラブルコンピュータとはコンピュータを洋服のように身につけて生活をするというライフスタイルを提案するものである．コンピュータは，小型化され腰のベルトに取り付けられたりする大きさであったが，眼鏡に組み込まれるものも出てきている．従来は**ヘッドマウントディスプレイ**を装着し，コンピュータの映像が目の前に仮想的に60インチ程度のディスプレイとして表示され，入力はキーボードではなくヘッドマウントディスプレイに取り付けられたマイクの音声認識によって行われるようなものであった（図8.1参照）．**AR**（仮想現実）といい，コンピュータから映し出された映像

と実物の映像とを合成することも可能であるため，日常的に合成された映像を見ながら生活するようになるかもしれない．

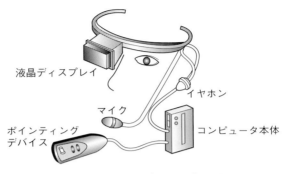

図 8.1　ウェアラブルコンピュータ

　GPS が組み込まれたタブレット端末を持ち歩いて修学旅行に行く学生がいる．現在位置を知るだけでなく，行きたい場所を選択すると，そこまでの行き方や電車の時刻表や交通費などを表示してくれる．AR を使うことで社寺建築にタブレット端末をかざすとその建築物の解説がタブレット端末に表示されるソフトウェアがある．

　GPS が組み込まれたスマホを身につけて生活するようになってきており，私たちの生活スタイルも変わるようになるだろう．例えば，駅の近くに来るとメガネに電車の時刻表が表示されたり，目的地までの道順が案内されたり，音声で食べたい料理を話すと，その料理が食べられる近くのレストランが表示され，誘導してくれたりすることが可能になりつつある．センサが身につけている人の体温や脈拍などを計測し，健康管理をも行うことが可能となる．コンピュータは私たちにとって道具から健康管理などをしてくれるパートナーへと進化してきている．

6. 家庭内の無線ネットワーク

LAN：Local Area Network

　BlueTooth という家庭内無線 **LAN** の機能がある電化製品が開発されている．これにより，家庭の中のマイコンを組み込まれた家電製品どうしが無線のネットワークによって通信し合うことができるようになっている．電話機，テレビ，冷蔵庫，電子レンジ，冷暖房

装置，炊飯器などが相互に無線でデータ通信を行うのである．外出先から自宅に電話をかけて，冷暖房のスイッチを入れたり，ビデオの録画予約をしたり，炊飯器のスイッチを入れたりといったことが可能になる．またテレビの画面でご飯が炊けるまでの時間を確認することができるようになる．

家電製品とスマホなどが通信を行うことも可能となっている．例えば，スマホでスケジュールを管理していた場合，スケジュールに合わせて目覚まし時計が鳴ったり，入浴の時間をスケジュールに記入しておけば，その時間になると自動的に風呂が沸くということもできるようになる．

7. 求められる人材の変化

私たちの生活のなかで，さまざまな商品にコンピュータが組み込まれ，それらが情報ネットワークにつながり，情報のやり取りを行うようになってきている．コンピュータが商品に組み込まれることにより利用者に高い付加価値を提供することができ，新しいライフスタイルが生まれる．

これまで，製造メーカに求められたものは，信頼性の高い商品を安く提供するということであった．しかし，現在は，利用者に対して高い価値を提供し，新しい生活スタイルを提案できるかが重要となってきている．

情報技術の発展により，消費者が求める商品の特性も変わってきており，そのため企業が必要とする人材も変わりつつある．新しいコンセプトの商品をつくり出せるイノベータが求められるようになってきている．製造している商品の専門知識のある者と，コンピュータに関する知識がある者など専門の異なる者どうしが知恵を出し合い，新しい商品や新しいライフスタイルを生み出すことができることが企業に求められている．

8.3 コンピュータと教育

1. ビジネスモデルとは

エデュテイメント
ソフトウェア：
edutainment
software

ゲームなどを楽しみながら学習するソフトウェア教材を**エデュテイメントソフトウェア**という．コンピュータを使った学習教材は多数あり，動画などのマルチメディアを使ったものから，ゲームなどにより楽しく学べるものまである．子供たちは，エデュテイメントソフトウェアを用いて楽しく学習をすることができる．

パソコンやスマホは多くの世帯が保有しているが，年収が少ない世帯ほど保有率が少ないという傾向があり，年収の格差がパソコンやスマホを使った学習ができ，学力を向上できるかどうかの格差になっている．

2. 大学におけるインターネット学習

WBT：Web Base
Learning

大学の講義にも，インターネットによる学習形態が導入されつつある．ディスタンスラーニングを用いることで，遠隔地にいても大学の講義を同時に受講することが可能である．また，**WBT**により時間にも制約を受けずに学習をすることができる．家庭でも高速なインターネットが使えるようになり，リアリティのある講義映像を見ながら学習することも可能となってきている．

このようにインターネットを使った学習が進んだ場合，離れた地域の大学の講義を同時に受けることが可能となる．そうなると，大学の所在地というものが大学を選ぶうえで大きな要因とはならず，大学の差別化要因が，どのように学習できるか，講義内容はどうかにより行われるようになるだろう．

企業側の採用も，どの大学を卒業したかではなく，どのような知識や技術などを身につけているかが評価の対象となっている．このため，大学に通いながら専門的な知識を身につけるために専門学校に通う学生もいる．学生にとっては大学に入学し卒業証書を得ることが重要なのではなく，複数の大学から必要な講義を受講し，その専門知識を身につけることのほうが重要になってきている．そのような学習を可能とするために，インターネットでの講義単位での学

習や単位認定を可能とすることがすでに始まっている．各講義単位で授業を受けることができるというニーズに応えられるようになるためには，これまで常識とされてきた，大学に入学しないと授業は受けられないという考え方も変わってきている．

■8.4 ディジタルデバイド

■1. インターネットとディジタルデバイド

インターネットに接続できることにより，私たちは生活を豊かにすることができる．ネットショッピングで安い買い物をしたり，生活に役立つようなさまざまな情報を得たりすることができる．しかし一方で，インターネットに接続して行政や企業，学校が提供するサービスを享受できない人も生じている．インターネットに接続できるか否かで機会の不平等が生じてしまっている．

コンピュータなどのディジタル機器が利用できるかどうかにより経済的な格差を生じていることを**ディジタルデバイド**という．インターネットに接続できるかどうかもディジタルデバイドの一つとなっている．

ディジタルデバイド：digital divide

インターネットに接続できる環境や教育を施すことだけで，このディジタルデバイドを解消することは十分にはできない．たとえインターネットに接続できる環境があっても，私たちの生活に必要な情報を得ることができていない，またはしようとしない人にとっては，接続できる環境がないのと何ら変わらないのである．

政府や企業，学校などの情報公開はインターネットにより行われるようになった．そして，これからの生活においては，「情報を収集する力」やその「情報を活用する力」といった「情報力」が生活するうえでますます重要になってきている．

これまでの社会においては，ものやお金をもつことが，豊かさの指標であった．しかし，これからの情報社会では，より豊かに生活するためには情報力が不可欠である．情報を活用することで，生活に必要な，あるいは生活を豊かにする情報を得ることができるからである．

2. ディジタルデバイドの現状

インターネットへ接続して有益な情報を得ている者と，そうでない者には，情報の量や質の格差が生まれ，生活の格差，経済的な格差が生じている．

総務省では，インターネットや携帯電話の普及と収入格差について毎年統計がとられている．パソコンやスマホの普及率は，収入と比例関係にあり，収入の低い者ほどパソコンの保有が少ない傾向がある．

パソコンやスマホなどを用いてインターネットに接続できることによりより安い，よりよい商品を購入することができ，生活が豊かになる．そのような層と，そうでない層との格差は年々広がってきており，それがディジタルデバイドとして社会問題となっている．

富裕層がディジタル機器を利用して情報を得て，安い買い物をしてさらに経済力を高めるため，貧困層との経済格差がますます拡大することになる．

さまざまな行政サービスや企業のサービスの情報システム化，インターネット化が図られている．

例えば，ある市では複数の図書館が市内にあり，図書館のWebページから図書の検索を行うことができ，探している本がどの図書館にあるのかを知ることができる．インターネットを使うことができれば，図書館に行かなくても，自宅から読みたい本がどの図書館にあるのかを知ることができるが，インターネットを使うことができなければ，その検索サービスを受けることができない．

またある企業では，採用案内と会社説明会の申し込みをインターネットで行っている．このため，全国どこからでもインターネットを使える環境があればその企業に応募することができる．しかし一方で，インターネットを使うことのできない者はその会社に応募できないのである．

このように，インターネットは，機会の格差を生じ，経済格差などにつながっている．

私たちの生活に使われる家電製品にコンピュータが組み込まれるようになり，高度な機能を備えた家電製品が増えてきている．情報システムやコンピュータなどの基礎知識があれば，それらの機器を

使いこなすことができても，そのような知識が少なかったりすると，その商品のもっている高度な機能を使いこなすことはできない．すなわち購入価格に見合ったサービスを享受できないということになる．ハードディスクレコーダの留守録の方法がわからず，留守録の機能を使えないお年寄りや，携帯電話を持っていても電話を掛ける以外の機能を使いこなせない人などがいるが，コンピュータがさまざまな機器に組み込まれることにより，それらの機器の機能は拡大し，ますます使い方が複雑化している．家電製品など生活にかかわるものがコンピュータ化されることにより，それを使いこなせる者とそうでない者との間に，享受できるサービスの格差が生じている．

■3．ディジタルデバイドの今後

インターネットは私たちが情報を得るための主な手段となりつつある．またデータの蓄積や活用をするためにコンピュータが使われるため，コンピュータやインターネットが使えないことが，収集できる情報の格差，処理できる情報の格差を生み，経済的な格差につながっている．

情報システムの普及は，情報システムを使える人と使えない人を生み出し，情報システムを通して受けられるサービスの格差が生じている．

例えば近い将来，インターネットを使った電子投票ができるようになるであろう．電子投票により，投票所に行く必要がなくなり，どこにいても，時間内であればいつでもスマホなどを使って投票することができる．投票結果を人手で集計する手間もなくなり，投票終了直後に集計が可能となり，誤集計をなくせ，コスト削減もできるといった多くのメリットがある．しかし，インターネットに接続できない人は，投票所に行かなければならない．電子投票が行われるようになれば，投票所に来る人も少なくなるであろう．そうなれば投票所の数を減らすことも考えられる．すると遠くの投票所に行かなければならなくなり，インターネットを使うことのできない有権者にとっては不便になるのである．

将来の情報社会を考えるうえで，ディジタルデバイドを考慮に入

れた健全な情報社会を築くためには,どのようなことが必要となるのか,考えることはたいへん重要である.

　情報システムをデザインするうえで,ディジタルデバイドを考慮に入れてシステムを設計することが重要である.視覚障害者はWebページのHTMLの文字データを音声合成により理解する.このためWebページを作成する者は,視覚障害者にとってもわかりやすいページをつくることも重要である.またディジタルデバイドの格差を小さくするため,コンピュータや情報機器の扱いについての教育の充実化なども不可欠である.

演 習 問 題

問1　私たちの社会がますます情報化されるに際し,ディジタルデバイドを少なくするために,私たちには何ができるのかを考察せよ.

問2　ディジタルデバイドの例をあげ,どうしてそのディジタルデバイドが生じることになったのか,そのディジタルデバイドを解消するためにどのようなことが行われているかをレポートせよ.

問3　企業でもディジタルデバイドを解消するための努力が行われている.企業が販売する商品や,企業が行うサービスの中で,ディジタルデバイドを解消するためのものを探してレポートせよ.レポートには,どのようなディジタルデバイドが発生しているのか,その企業ではそれをどのように解消しようとしているのかを記述すること.

付　録

総合演習

　ここで紹介する演習は，本書を用いて講義を行う場合に，より講義内容に対する理解を深めるための演習であり，高校の教科「情報」で実施するための演習ではない．教職課程の「情報と職業」の授業では，情報社会においてビジネス環境や職業観がどのように変わったのかについて理解を深めることが求められているが，情報社会とビジネスについて理解を深めるためには，経営戦略と結び付いた情報システムの企画を行ってみることが効果的である．

1．演習の目的と方法

　この総合演習では，グループ演習を通して，経営課題とは何か，その経営課題を解決するためには何をすればよいのか，その解決策のためにはどのような情報システムを構築すればよいのかを，システム構築の上流工程で作成されるシステム企画提案書を作成することにより学ぶものである．
　演習は個人演習とせず，グループ演習とするほうがよい．なぜなら，システム企画では，経営的な視点，システム的な視点など幅広い視野が求められるが，グループ演習でそれぞれがアイディアを出し合いながら企画書を作成することで，自分では気がつかなかった点を発見することができるからである．また，グループ形式の演習を通して学生どうしが教え合うことにより，講師とはまた違った見方も発見することもでき，情報社会，ビ

ジネスモデル，情報システムなどに対する理解を広めることにもなる．情報社会とビジネスに対する理解度を高めるために，この演習をぜひ実施していただきたい．

　3～6人程度のグループに分かれ，販売促進や販売管理や流通管理などの業務を一つ取り上げ，その業務を効率化したり，新たなサービスを提供するための情報システムの企画を行う．想定する業種・業務の課題は何か，その課題を解決するためにはどのような情報システムを構築したらよいか，その情報システムを構築するうえでの課題は何か，システム導入にかかる費用とその効果はどれいくらか，システム導入によるリスクは何かをグループごとに話し合い，スライドなどにまとめて発表する．

　この演習を通じて，自分では気がつかなかった，システム導入で考慮しなければならないさまざまな点（関連企業との関係など）について気づき，経営的な見方を養い，高い視点と幅広い視点で考えることの重要性を知るようになる．

　金額を算出する目的は，検討漏れを少なくし，リアリティを高めること，システム導入の効果を定量的に算出することの難しさ，限られた費用のなかで情報システムを構築することの難しさなどを知ることであり，金額の精度については問わないものとする．

　演習は，1グループ3～6人構成で，10グループ以内を想定している．所要時間数は5～8コマ（90分/1コマ）を想定している．

　演習は以下のステップで進めるとよい．時間数は，アウトプットとして求められるものの種類や品質，発表するグループの数などにより異なるが，おおよその時間配分の目安としては，（ステップ1）～（ステップ2）で1～2コマ，（ステップ3）～（ステップ6）で2～4コマ，（ステップ7）～（ステップ9）で1～2コマである．

　　　（ステップ1）　演習を進めるうえでの考えるヒントを提供する．
　　　（ステップ2）　演習の進め方，アウトプット，作成時間，発表時間などを伝える．
　　　（ステップ3）　各グループを構成し，一つのビジネスを選ぶ．
　　　（ステップ4）　演習を行う．演習中，講師は各グループをまわる．
　　　（ステップ5）　必要に応じて，講師は注意や補足説明を行う．
　　　（ステップ6）　各発表に対する評価シートを配布する．
　　　（ステップ7）　各グループの発表を行う．

　　　　　　（ステップ8）　グループ内で話し合い，他グループの発表の評価を行
　　　　　　　　　　　　　う．
　　　　　　（ステップ9）　評価シートを回収する．

▌2．演習の進め方
　次に（ステップ1）から（ステップ9）までの具体的な進め方を示す．
　（ステップ1）演習を進めるうえでの考えるヒントを提供する
　　情報システムを企画するうえで，企業戦略とシステムに関する事例をいくつか紹介し，経営戦略という視点で情報システムを考えることができるようなヒントを与える．
　　経営戦略は経営課題を解決するためにある．例えば経営課題の例として在庫が多いという問題について以下の例を紹介する．
　　　　　パソコン販売店の場合，パソコンを販売するため製造メーカや卸業者からパソコンを仕入れる．しかし，メーカによっては3か月ごとに新商品が販売される．パソコンの場合，18か月で性能が2倍になっており，割引が行われていない同じ価格であれば，新しい商品を購入するほうが高い機能の商品を手に入れることができる．このため，新商品が販売されれば，当然，旧型を安く販売せざるを得ない．高い収益を得るためには，なるべく在庫を持たない経営が求められる．
　　　　　これに対し，DELLコンピュータ社の創業者であるマイケル・デル氏は，Webからの注文を受け付けてからパソコンを組み立て，完成したものを工場から注文主に直接配送を行うというBTOまたはDELLモデルという販売方法を考案し，成功した．現在このBTOというビジネスモデルは，多くのパソコン販売メーカに広まっている．
　　このほかの事例として，ピザの宅配のCTIや，ネット販売におけるCRM，スマホのアプリなどのビジネスモデルを紹介することでもよい．
　　講義終了時に，次のコマの授業の進め方について，以下の内容をアナウンスする．
　　（1）各自，情報システムにより経営の効率化や，新たなサービスを行う
　　　　ためのアイディアを2～3個考えてくる．
　　（2）演習はグループごとに行う．グループは3～6人程度で構成する．
　　（3）演習の結果を，グループごとに発表を行う．
　　この発表に対して学生も相互に評価を行い，その評価結果はこの授業の

個人評価に加味される.

（ステップ2）演習の進め方，アウトプット，作成時間，発表時間などを伝える

演習の進め方は以下のとおりとする.

〈グループ演習の進め方〉

- グループを構成し，グループで作業を行う.
- グループで授業時間以外に自主的に集まるのは OK.
- 発表はグループごとに，全グループが発表を行う.
- ほかのグループの発表を聞いて，そのグループの評価を行う.

〈発表方法〉

- プロジェクタとパソコンを教員が用意する.
- 発表資料は，パソコンによるプレゼンテーションソフトウェアで作成する.
- 発表時間は例えば8分，質疑は2分である.

〈発表者〉

- 発表者はグループで分担して決めること．全員で発表しなくてもよい．

〈提出物〉

- 発表が終了したあと，発表資料を講師に提出する．パソコンによるプレゼンテーションの場合にはその電子データを提出する．
- 提出する資料には，グループ全員の氏名，学生番号を記載する．

〈質問の受付け，調査方法〉

- 演習時間中，自由に質問を受け付ける．教員はシステムコンサルタント役を演じる．
- 演習時間外にインターネットで調査することはおおいに行って構わない．
- 現地の調査を行うことも構わない．ただし授業時間外に行うこと．

演習の発表資料の内容は以下のとおりとする.

〈発表資料の内容〉

標準的な様式は以下のとおりとするが，その様式でなければならないということはない．自由な発想でプレゼンテーションを行ってもよい．ただし，

(1) 情報システムを開発する目的と経営課題の解決策

(2) 情報システムを構築するためにかかる費用

(3) その情報システムにより得られるコスト削減効果
について，定量的な数値や金額を必ず明記すること．なお，見積りの根拠は正確な数値でなくてもよいが，検討漏れ，計上漏れがないようにすること．
- 1枚目　表紙
  - 相手のビジネスを特定すること．どのような会社に対する提案書なのかを相手の企業名を表題に書く（例：○○会社殿）．
  - どのような情報システムの提案なのか，システムの目的がわかる表題をつける（例：○○システムのご提案）．
  - システム提案を行う会社名（グループ名）を書く．
- 2枚目　経営課題
  - 相手の企業の経営課題を取り上げる．なるべく定量的な数値も入れる．
- 3枚目　システム化の目的
  - 経営課題を解決するための情報システムの概要（構成）
- 4枚目　システムの概要
  - 情報システムの機能の概要
  - 情報や物や文書，お金の流れを図で表されているとわかりやすい
- 5枚目　システムのコストと効用
  - システム化するためにかかる費用
  - システム化することによる効果を金額に換算して算出する
- 6枚目　システムの特徴
  - この提案書の独創的なところをPRする．

（ステップ3）グループを構成し，一つのビジネスを選ぶ

　グループを構成するように指示を出す．グループの人数は，3〜6名構成となるようにする．

　各グループ内で自己紹介を行い，各自が考えてきたビジネスを出し合い，その中から一つのビジネスを選択する．

　ビジネスが決まったら，検討をどのように進めるか，グループで授業時間以外に調査を行うための分担や，調査の戦略，調査方法などチームシートを作成しながら決める．

（ステップ4）演習を行う．演習中，教員は各グループをまわる

　教室のなかで，グループごとに集まり，提案内容を検討し，企画書を作

成する．

　学生が企画書を作成している間，教員は各グループで作業を行っているところをまわり，質問を受け付ける．

　（ステップ5）必要に応じて，教員は注意や補足説明を行う

　グループの作業を見ながら，全体に対して注意を喚起しなければならないことや，補足の解説を行う必要があれば，演習を一時中断し，適宜，短く，補足のための講義を行う．

　（ステップ6）各発表に対する評価シートを配布する

　演習作業が終盤になってきたら，各グループの発表を聞いて評価をするための評価シート（p.210「総合演習評価シート」参照）を各グループに（グループ数 − 1）枚を配布する．

　評価シートには，以下の内容を記入できるようにする．

　・発表会社名（グループ名）

　以下5段階評価

　・発表内容の全体ストーリがわかりやすかったか
　・経営課題とその解決案について説得力があったか
　・感心させられるアイディアはあったか
　・この会社の提案を受け入れ，システムを導入したいと思ったか
　・プレゼンテーション資料はよくできていたか
　・プレゼンテーションの仕方はうまかったか

　自由記入欄

　・プレゼンテーションでよかった点，改善すべき点

　（ステップ7）各グループの発表を行う

　グループの発表はくじ引きか，希望順（立候補順）で決める．

　発表時間は例えば8分，質疑2分とする．6分後に1鈴，8分後に2鈴，10分後に3鈴を鳴らす．

　スムーズに発表を行うため，次の発表を行うグループを前のほうで待機させるとよい．

　（ステップ8）グループ内で話し合い，他グループの発表の評価を行う

　半数のグループが発表したら，グループごとに，発表したほかのグループの発表に対して評価を行い，評価シートの記入を行う（約10分）．

　残りのグループの発表を行ったあと，同様に，グループごとに評価シートの記入を行う（約10分）．

(ステップ9）評価シートを回収する

教員は，各グループが記入した評価シートと，発表資料を回収する．

発表資料にグループのメンバの氏名，学生番号があるか，評価シートに会社名（グループ名）が漏れなく記述されているか回収しながら確認する．

評価結果に対して，フィードバックを行うとよい．システム提案の内容に対してやシステムの企画提案の書き方に対してコメントをする．また，他グループからの評価の高かったグループについては，どうして評価が高かったのかの分析結果もフィードバックするとよい．

p.211のシートはチーム内でのフィードバックシートである．演習終了後に各自が記入し，グループ内でオープンにすることで，グループ内のほかのメンバーから自分がどのように思われていたのかを知る機会となる．この評価を各個人の評価に加えることも可能である．

総合演習評価シート

発表グループ名　[　　　　　　　　　　　]

記入グループ名　[　　　　　　　　　　　]

1. 発表内容の全体ストーリがわかりやすかったか

   悪い ├──1──┼──2──┼──3──┼──4──┼──5──┤ 良い
   　　　　　やや悪い　普通　やや良い

2. 経営課題とその解決案について説得力があったか

   悪い ├──1──┼──2──┼──3──┼──4──┼──5──┤ 良い
   　　　　　やや悪い　普通　やや良い

3. 感心させられるアイディアはあったか

   悪い ├──1──┼──2──┼──3──┼──4──┼──5──┤ 良い
   　　　　　やや悪い　普通　やや良い

4. この会社の提案を受け入れ，システムを導入したいと思ったか

   思わない ├──1──┼──2──┼──3──┼──4──┼──5──┤ 思った
   　　　　　あまり思わない　普通　やや思った

5. プレゼンテーション資料は良く出来ていたか

   悪い ├──1──┼──2──┼──3──┼──4──┼──5──┤ 良い
   　　　　　やや悪い　普通　やや良い

6. プレゼンテーションの仕方は上手かったか

   悪い ├──1──┼──2──┼──3──┼──4──┼──5──┤ 良い
   　　　　　やや悪い　普通　やや良い

自由記入欄（プレゼンテーションで良かった点，改善すべき点）

[　　　　　　　　　　　　　　　　　　　　　　　　　　]

付録　総合演習

グループ・会社名　[　　　]

自分の名前　[　　　]

グループのメンバの氏名

氏名	チームに対する貢献度	出来上がったものに対する満足度	発言に対して共感できたか	グループ演習に積極的に参画できたか	コメント
[　　　]	低い 1 2 3 4 5 高い	低い 1 2 3 4 5 高い		低い 1 2 3 4 5 高い	[　　　]
[　　　]	低い 1 2 3 4 5 高い	低い 1 2 3 4 5 高い	低い 1 2 3 4 5 高い	低い 1 2 3 4 5 高い	[　　　]
[　　　]		低い 1 2 3 4 5 高い	低い 1 2 3 4 5 高い	低い 1 2 3 4 5 高い	[　　　]
[　　　]		低い 1 2 3 4 5 高い	低い 1 2 3 4 5 高い	低い 1 2 3 4 5 高い	[　　　]
[　　　]		低い 1 2 3 4 5 高い	低い 1 2 3 4 5 高い	低い 1 2 3 4 5 高い	[　　　]
[　　　]		低い 1 2 3 4 5 高い	低い 1 2 3 4 5 高い	低い 1 2 3 4 5 高い	[　　　]

※平均が4点以下になるように付ける

参考文献

■情報の基礎
　駒谷昇一，山川修，中西通雄，北上始，佐々木整，湯瀬裕昭：IT Text（一般教育シリーズ）　情報とネットワーク社会，オーム社（2011）
　河村一樹，和田勉，山下和之，立田ルミ，岡田正，佐々木整，山口和紀：IT Text（一般教育シリーズ）　情報とコンピュータ，オーム社（2011）

■情報システム
　神沼靖子　編著：IT Text（一般教育シリーズ）　情報システム基礎，オーム社（2006）

■情報ネットワーク
　岡田正，駒谷昇一，西原清一，水野一徳：IT Text（一般教育シリーズ）　情報ネットワーク，オーム社（2010）

■情報セキュリティ
　情報処理推進機構：情報セキュリティ読本—IT時代の危機管理入門（四訂版），実教出版（2013）

■サイバー犯罪
　羽室英太郎，國浦淳：デジタル・フォレンジック概論，東京法令出版（2015）
　田島正広（編集代表）：インターネット新時代の法律実務Q&A，日本加除出版（2013）
　四方光：サイバー犯罪対策概論—法と政策，立花書房（2014）

■情報倫理
　髙橋 慈子，原田 隆史，佐藤 翔，岡部 晋典：情報倫理　ネット時代のソーシャル・リテラシー，技術評論社（2014）
　情報教育学研究会・情報倫理教育研究グループ 編：インターネットの光と影 Ver.5：被害者・加害者にならないための情報倫理入門，北大路書房（2014）
　情報教育学研究会・情報倫理教育研究グループ：インターネット社会を生きるための情報倫理，実教出版（2013）

■リスクマネジメント
　仁木 一彦：図解ひとめでわかるリスクマネジメント（第2版），東洋経済新報社（2012）

■ソフトウェア開発
　Mint（経営情報研究会）：図解でわかるソフトウェア開発のすべて，日本実業出版社（2000）

索引

ア行

アクティビティ図　138
アプリケーションサービスプロバイダ
　106
アマゾン　107
アライアンス　66
暗号化　164
暗号鍵　164
暗号の強度　164
アンチウイルスソフトウェア　54,
　157

意思決定支援システム　83
遺伝子情報　78
インターネット　14
インターネットオークション　109
インターネット銀行　49
インターネットにおける詐欺　149
イントラネット　85, 127

ウイルス　19, 153
ウェアラブルコンピュータ　194
運用管理　52

エスクローサービス　111
エデュテイメントソフトウェア　197
エンドユーザコンピューティング
　140

オーダメイドビジネス　104

オペレータ　53

カ行

会議室の予約　87
会計システム　89
仮想現実　188
仮想社会　187
カーナビゲーションシステム　6

企業内でのコンピュータの活用　82
企業内ネットワークでの情報共有
　86
技術情報の公開　66
気象情報システム　8
逆オークション　112
狭義の情報システム　3
協調学習　95
共通鍵暗号方式　164

クラウド　182
クラウドサービス　182
クリティカルパス　62
グループウェア　88, 127

経営資源　84
経営情報システム　82
警察庁のWebページ　19
携帯電話の交換システム　12

公開鍵暗号方式　163

索　引

広義の情報システム　　　2
工業所有権　　　150
交通管制システム　　　4
高度道路交通システム　　　7
購買管理システム　　　90
顧客情報　　　35
国税庁システム　　　16
個人情報管理　　　176
個人情報の資産価値　　　178
個人情報の漏えい　　　36, 160
個人情報保護に関する法令　　　184
コーポレートナレッジ　　　24, 85
コールセンタ　　　38, 63
コンビニエンスストアの例　　　24
コンピュータウイルス　　　153
コンピュータや磁気記録装置を対象とした犯罪　　　145

サ　行

在庫管理システム　　　90
在宅学習　　　92
在宅勤務　　　126
サイバー犯罪　　　19, 144
サテライトオフィス　　　127
サプライチェーンマネジメント　　　79
サポートセンタ　　　64

シェアウェア　　　153
システムエンジニア　　　52
システム監査　　　52
児童買春　　　148
児童買春・児童ポルノ法違反　　　148
自動販売機の販売管理業務　　　74
児童ポルノ　　　148
自動料金収受システム　　　8
シミュレーション　　　60
車検登録システム　　　16
情報検索サービス　　　53

情報公開　　　20
情報システム　　　2
情報社会　　　1
情報社会の特徴　　　2
情報処理推進機構　　　154
情報処理推進機構のWebページ　　　19
情報セキュリティスペシャリスト　　　168
情報リテラシー教育　　　134
情報倫理綱領　　　167
人事システム　　　91

スケジュール管理　　　62, 87
スパムメール　　　155

生産管理システム　　　59
政府のWebページ　　　18
セキュリティポリシー　　　167
セキュリティホール　　　166
戦略情報システム　　　83

ソフトウェアハウス　　　51

タ　行

ダイレクト販売　　　38, 104
タクシー会社の情報活用　　　72
宅配業者の情報活用　　　71
タッチタイピング　　　133

チェーンメール　　　156
知的財産権　　　150
チャイルドポルノ　　　148
チャット　　　187
中間管理職　　　129
著作権　　　150, 184
著作権（財産権）　　　151
著作権法　　　150
著作権法違反　　　152

216

著作者人格権	*151*

ディジタルデバイド	*198*
ディスタンスラーニング	*81, 94, 118*
データウェアハウス	*51, 184*
データセンタ	*50*
データ入力代行業務	*53*
データベーススペシャリスト	*52*
鉄道の改札業務	*135*
デマメール	*157*
天災などのリスク	*177*
電子印鑑	*165*
電子カルテ	*77*
電子掲示板	*68*
電子交換機	*10*
電子写真帳	*88*
電子署名	*165*
電子投票	*17*
電話交換システム	*10*

統合業務ソフトウェア	*93*
図書館システム	*18*
特　許	*185*
特許検索システム	*16*
ドライバ	*65*

ナ　行

ナレッジマネジメント	*24, 84*
日本年金機構システム	*15*
ネットショッピング	*33*
ネットストーカー	*158*
ネット販売	*38*
ネットビジネス	*99*
ネットワークスペシャリスト	*52*
ネットワークを利用した犯罪	*147*

ハ　行

バーチャルコミュニティ	*188*
バーチャルリアリティ	*188*
バックアップ	*133*
パッケージソリューション	*52*
バナー広告	*114*
パブリックドメインソフトウェア	*153*
販売管理システム	*89*

ビジネスのグローバリゼーション	*125*
ビジネスのスピード化	*125*
ビジネスモデル	*42, 99*
ビジネスモデル特許	*43*
誹謗中傷	*150*

ファイアウォール	*86, 161*
復号	*164*
不正アクセス	*146*
不正アクセス行為の禁止等に関する法律	*149*
不動産業での情報活用	*75*
プライスライン特許	*43, 112*
フリーソフトウェア	*152*
フリーソフトウェアの著作権	*152*
プロジェクトマネージャ	*52*

ペット型ロボット	*192*
ヘッドマウントディスプレイ	*194*
ベンダー資格	*124*

ポイントカード	*36*

マ　行

マイクロコンピュータ	*192*

索引

ムーアの法則　　　101
無方式主義　　　150

名誉毀損　　　150
メールマガジン　　　114
メンバーズカード　　　37

モバイルオフィス　　　127
モバイルマネーシステム　　　75
文部科学省のWebページ　　　19

ラ　行

リスク　　　174
リスクマネジメント　　　173
旅行代理店　　　136

ワ　行

わいせつ図画公然陳列罪　　　149
ワントゥワンシステム　　　36
ワントゥワンビジネス　　　41

英数字

ASP　　　106

BTO　　　101
BtoB　　　93
BtoC　　　93

CADシステム　　　56
CAI　　　94
CAM　　　57
CBT　　　94, 95
CRM　　　35
CTI　　　36, 38, 63, 72

DELLモデル　　　101

DFD　　　140
DSS　　　83

eラーニング　　　94
ETC　　　8
EUC　　　140

GPS　　　5, 72, 195

IPA　　　154, 157
ITS　　　7

KM　　　84

LMS　　　94

MIS　　　82
MOOC　　　96

NC工作機械　　　57

OCW　　　96
OER　　　96
OffJT　　　94
OJT　　　94, 131

PDS　　　153
PERT　　　62
PMBOK　　　139
POS　　　74, 83
POSシステム　　　28
PULL型メディア　　　114
PUSH型メディア　　　114

RSA方式　　　163

SCM　　　79
SIer　　　51
SIS　　　83

SNS	*187*	WWW	*14*
SOHO	*127*		
		XML	*78*
VOD	*94*		
		3Dプリンタ	*58*
WBT	*92, 94, 107*		

〈著者略歴〉

駒谷昇一（こまや　しょういち）

1985 年	東京理科大学工学部経営工学科卒業 NTT ソフトウェア株式会社を経て
2007 年	筑波大学大学院システム情報工学研究科教授
2010 年	独立行政法人情報処理推進機構 IT 人材育成本部
2011 年	株式会社 NTT データ技術開発本部ソフトウェア工学推進センタ
現　在	奈良女子大学生活環境学部教授

（担当箇所：1，2 章，3.1～3.8 節，4，5，6，8 章，付録）

辰己丈夫（たつみ　たけお）

1991 年	早稲田大学理工学部数学科卒業
1993 年	早稲田大学大学院理工学研究科数学専攻修士課程修了 早稲田大学情報科学研究教育センター助手
1999 年	神戸大学発達科学部講師
2003 年	東京農工大学総合情報メディアセンター助教授
2014 年	放送大学教養学部准教授
2016 年	同教授，現在に至る 博士（システムズ・マネジメント）（筑波大学）

（担当箇所：3.9 節，7 章）

- 本書の内容に関する質問は，オーム社ホームページの「サポート」から，「お問合せ」の「書籍に関するお問合せ」をご参照いただくか，または書状にてオーム社編集局宛にお願いします．お受けできる質問は本書で紹介した内容に限らせていただきます．なお，電話での質問にはお答えできませんので，あらかじめご了承ください．
- 万一，落丁・乱丁の場合は，送料当社負担でお取替えいたします．当社販売課宛にお送りください．
- 本書の一部の複写複製を希望される場合は，本書扉裏を参照してください．

IT Text
情報と職業（改訂 2 版）

2002 年 12 月 5 日	第 1 版第 1 刷発行
2015 年 11 月 20 日	改訂 2 版第 1 刷発行
2024 年 2 月 10 日	改訂 2 版第 8 刷発行

著　者	駒谷昇一 辰己丈夫
発行者	村上和夫
発行所	株式会社オーム社 郵便番号　101-8460 東京都千代田区神田錦町 3-1 電話　03(3233)0641(代表) URL　https://www.ohmsha.co.jp/

© 駒谷昇一・辰己丈夫 2015

印刷　美研プリンティング　　製本　協栄製本
ISBN978-4-274-21675-6　Printed in Japan

ＩＴ Text シリーズ

情報処理学会 編集

IT Text 一般教育シリーズ
高等学校における情報教育履修後の一般教育課程の「情報」教科書

一般情報教育
情報処理学会一般情報教育委員会　編／稲垣知宏・上繁義史・北上 始・佐々木整・高橋尚子・中鉢直宏・徳野淳子・中西通雄・堀江郁美・水野一徳・山際 基・山下和之・湯瀬裕昭・和田 勉・渡邉真也　共著
■ A5判・266頁・本体2200円【税別】
■ 主要目次
第1部　情報リテラシー
　　　　情報とコミュニケーション／情報倫理／社会と情報システム／情報ネットワーク
第2部　コンピュータとネットワーク
　　　　情報セキュリティ／情報のデジタル化／コンピューティングの要素と構成／アルゴリズムとプログラミング
第3部　データサイエンスの基礎
　　　　データベースとデータモデリング／モデル化とシミュレーション／データ科学と人工知能(AI)

コンピュータグラフィックスの基礎
宮崎大輔・床井浩平・結城 修・吉田典正　共著　■ A5判・292頁・本体3200円【税別】
■ 主要目次
コンピュータグラフィックスの概要／座標変換／3次元図形処理／3次元形状表現／自由曲線・自由曲面／質感付加／反射モデル／照明計算／レイトレーシング／アニメーション／付録

コンピュータアーキテクチャ（改訂2版）
小柳 滋・内田啓一郎　共著　■ A5判・256頁・本体2900円【税別】
■ 主要目次
概要／命令セットアーキテクチャ／メモリアーキテクチャ／入出力アーキテクチャ／プロセッサアーキテクチャ／パイプラインアーキテクチャ／命令レベル並列アーキテクチャ／並列処理アーキテクチャ

データベースの基礎
吉川正俊　著　■ A5判・288頁・本体2900円【税別】
■ 主要目次
データベースの概念／関係データベース／関係代数／SQL／概念スキーマ設計／意思決定支援のためのデータベース／データの格納と問合せ処理／トランザクション／演習問題略解

オペレーティングシステム（改訂2版）
野口健一郎・光来健一・品川高廣　共著　■ A5判・256頁・本体2800円【税別】
■ 主要目次
オペレーティングシステムの役割／オペレーティングシステムのユーザインタフェース／オペレーティングシステムのプログラミングインタフェース／オペレーティングシステムの構成／入出力の制御／ファイルの管理／プロセスとその管理／多重プロセス／メモリの管理／仮想メモリ／仮想化／ネットワークの制御／セキュリティと信頼性／システムの運用管理／オペレーティングシステムと性能／オペレーティングシステムと標準化

ネットワークセキュリティ
菊池浩明・上原哲太郎　共著　■ A5判・206頁・本体2800円【税別】
■ 主要目次
情報システムとサイバーセキュリティ／ファイアウォール／マルウェア／共通鍵暗号／公開鍵暗号／認証技術／PKIとSSL/TLS／電子メールセキュリティ／Webセキュリティ／コンテンツ保護とFintech／プライバシー保護技術

もっと詳しい情報をお届けできます。
※書店に商品がない場合または直接ご注文の場合も右記宛にご連絡ください。

ホームページ https://www.ohmsha.co.jp/
TEL/FAX TEL.03-3233-0643　FAX.03-3233-3440

（本体価格は変更される場合があります）

IT Text シリーズ

情報処理学会 編集

ソフトウェア工学
平山雅之・鷲崎弘宜　共著　■ A5判・214頁・本体2600円【税別】
■ 主要目次
ソフトウェアシステム／ソフトウェア開発の流れ／ソフトウェアシステムの構成／要求分析と要件定義／システム設計／ソフトウェア設計　-設計の概念／ソフトウェア設計　-全体構造の設計／ソフトウェア設計　-構成要素の設計／プログラムの設計と実装／ソフトウェアシステムの検証と動作確認／開発管理と開発環境

応用Web技術（改訂2版）
松下 温　監修／市村 哲・宇田隆哉　共著　■ A5判・192頁・本体2500円【税別】
■ 主要目次
Webアプリケーション概要／サーバサイドで作る動的Webページ／データ管理とWebサービス／セキュリティと安全／マルチメディアストリーミング

基礎Web技術（改訂2版）
松下 温　監修／市村 哲・宇田隆哉・伊藤雅仁　共著　■ A5判・196頁・本体2500円【税別】
■ 主要目次
Web／HTML／CGI／JavaScript／XML

画像工学
堀越 力・森本正志・三浦康之・澤野弘明　共著　■ A5判・232頁・本体2800円【税別】
■ 主要目次
視覚と画像／デジタル画像／ノイズ除去／エッジ処理／二値画像処理／画像の空間周波数解析／特徴抽出／画像の幾何変換／動画像処理／3次元画像処理／画像処理の具体的応用／付録　OpenCVの使い方

人工知能（改訂2版）
本位田真一　監修／松本一教・宮原哲浩・永井保夫・市瀬龍太郎　共著　■ A5判・244頁・本体2800円【税別】
■ 主要目次
人工知能の歴史と今後／探索による問題解決／知識表現と推論の基礎／知識表現と利用の応用技術／機械学習とデータマイニング／知識モデリングと知識流通／Web上で活躍するこれからのAI／社会で活躍するこれからのAIとツール

音声認識システム（改訂2版）
河原達也　編著　■ A5判・208頁・本体3500円【税別】
■ 主要目次
音声認識の概要／音声特徴量の抽出／HMMによる音響モデル／ディープニューラルネットワーク（DNN）によるモデル／単語音声認識と記述文法に基づく音声認識／統計的言語モデル／大語彙連続音声認識アルゴリズム／音声データベース／音声認識システムの実現例／付録　大語彙連続音声認識エンジン Julius

ヒューマンコンピュータインタラクション（改訂2版）
岡田謙一・西田正吾・葛岡英明・仲谷美江・塩澤秀和　共著　■ A5判・260頁・本体2800円【税別】
■ 主要目次
人間とヒューマンコンピュータインタラクション／対話型システムのデザイン／入力インタフェース／ビジュアルインタフェース／人と人工物のコミュニケーション／空間型インタフェース／協同作業支援のためのマルチユーザインタフェース／インタフェースの評価

ソフトウェア開発（改訂2版）
小泉寿男・辻 秀一・吉田幸二・中島 毅　共著　■ A5判・244頁・本体2800円【税別】
■ 主要目次
ソフトウェアの性質と開発の課題／ソフトウェア開発プロセス／要求分析／ソフトウェア設計／プログラミング／テストと保守／オブジェクト指向／ソフトウェア再利用／プロジェクト管理と品質管理／ソフトウェア開発規模と工数見積り

もっと詳しい情報をお届けできます。
◎書店に商品がない場合または直接ご注文の場合は右記宛にご連絡ください。

ホームページ　https://www.ohmsha.co.jp/
TEL／FAX　TEL.03-3233-0643　FAX.03-3233-3440

（本体価格は変更される場合があります）

F-2011-285-2

ITTextシリーズ　情報処理学会 編集

情報と職業（改訂2版）
駒谷昇一・辰己丈夫　共著　■ A5判・232頁・本体2500円【税別】
■ 主要目次
情報社会と情報システム／情報化によるビジネス環境の変化／企業における情報活用／インターネットビジネス／働く環境と労働観の変化／情報社会における犯罪と法制度／情報社会におけるリスクマネジメント／明日の情報社会

情報通信ネットワーク
阪田史郎・井関文一・小高知宏・甲藤二郎・菊池浩明・塩田茂雄・長 敬三　共著
■ A5判・288頁・本体2800円【税別】
■ 主要目次
情報通信ネットワークとインターネット／アプリケーション層／トランスポート層／ネットワーク層／データリンク層とLAN／物理層／無線ネットワークと移動体通信／ストリーミングとQoS制御／ネットワークセキュリティ／ネットワーク管理

数理最適化
久野誉人・繁野麻衣子・後藤順哉　共著　■ A5判・272頁・本体3300円【税別】
■ 主要目次
数理最適化とは／線形計画問題／ネットワーク最適化問題／非線形計画問題／組合せ最適化問題／付録　数学に関する補足

メディア学概論
山口治男　著　■ A5判・172頁・本体2400円【税別】
■ 主要目次
メディアの基礎／メディア発展の歴史／メディアの構造とコミュニケーションの形態／ディジタルメディア技術／オーディオコンテンツのディジタル化／画像・映像コンテンツのディジタル化／コンピュータグラフィックス／コミュニケーションのディジタル化／インターネット応用サービス技術／メディアに関わる産業／インターネットとビジネスモデル／ディジタルメディアに関する問題

離散数学
松原良太・大嶌彰昇・藤田慎也・小関健太・中上川友樹・佐久間雅・津垣正男　共著
■ A5判・256頁・本体2800円【税別】
■ 主要目次
集合・写像・関係／論理と証明／数え上げ／グラフと木／オートマトン／アルゴリズムと計算量／数論

確率統計学
須子統太・鈴木 誠・浮田善文・小林 学・後藤正幸　共著　■ A5判・264頁・本体2800円【税別】
■ 主要目次
データのまとめ方／集合と事象／確率／確率分布と期待値／標本分布とその性質／正規母団からの標本分布／統計的推定／仮説検定／多変量データの分析／確率モデルと学習／付録　統計数値表

HPCプログラミング
寒川 光・藤野清次・長嶋利夫・高橋大介　共著　■ A5判・256頁・本体2800円【税別】
■ 主要目次
HPCプログラミング概説／有限要素法と構造力学／数値線形代数／共役勾配法／FFT／付録　Calcompインターフェースの作画ライブラリ

ユビキタスコンピューティング
松下 温・佐藤明雄・重野 寛・屋代智之　共著　■ A5判・232頁・本体2800円【税別】
■ 主要目次
ユビキタスコンピューティング／無線通信の基礎／モバイルネットワーク／モバイルインターネット／ワイヤレスアクセス／衛星／RFIDタグ（非接触ICカード）とその応用

もっと詳しい情報をお届けできます。
◎書店に商品がない場合または直接ご注文の場合も右記宛にご連絡ください。

ホームページ　https://www.ohmsha.co.jp/
TEL/FAX　TEL.03-3233-0643　FAX.03-3233-3440

（本体価格は変更される場合があります）